如何品嘗？

簡單練習，打造專屬自己的風味資料庫。

How To

TASTE

A
Guide to Discovering
Flavor and Savoring Life

by
Mandy Naglich

For anybody
who loves food.

曼迪·納格利奇
——著

黃于薇 —— 譯

獻給將以品嘗與回憶，

爲書頁增添印記的讀者。

也獻給 Wes，

你的支持，讓一切全然不同。

目錄

PART THREE 運用你的品味技巧

PART FOUR 品味生活

序言

遍嘗百味

「戰況真的很膠著，我們到現在還是不知道誰會勝出，這就是杯測品嘗有趣的地方。」突然，主持人示意選手舉起杯子，蹲低一看，大喊：「答對了！」她面露微笑站起身來，向觀眾說：「法國目前領先，所以最終結果要看丹尼爾了。如果丹尼爾答對，他就贏了……但如果他答錯，就表示法國贏了！」

她提到法國勝利的那瞬間，觀眾間爆出一陣口哨和歡呼。畢竟，比賽地點是德國柏林，法國觀眾來世界盃咖啡杯測師大賽（World Cup Tasters Championship）替代表法國的選手加油，比丹尼爾在愛爾蘭的粉絲要前來容易得多。很難相信，這個喧鬧的會場不到十分鐘前幾乎是一片寂靜。唯一的聲響，就是參賽者用特製杯測匙啜飲咖啡的聲音，還有他們各自將口中咖啡吐入吐杯時發出的「咻」一聲。咖啡杯測，是對速度、技能和決斷力的考驗。每一輪比賽中，所有選手都有八組咖啡，每組三杯，其中兩杯裝有相同的咖啡液，只有一杯不同，杯測師必須用最快的速度找出那杯不同的咖啡。丹尼爾．霍巴特（Daniel Horbat）迅速啜飲、嗅聞、品嘗，只花了兩分三十三秒就在每一組中選出他認定不同的杯子，而來自法國的對手則花了超過五分鐘才選好八個杯子。

現在，這場世界盃大賽已來到揭曉最後一個杯子的時刻。目前法國代表在八杯當中答對了七杯，代表愛爾蘭出賽的丹尼爾．霍巴特則已答對六杯，如果最後一杯也是正確的，他就會因為花費時間較少而獲勝。要知道丹尼爾是不是冠軍，只有一個辦法：確認他選的杯子底部是否標有代表正確的記號。

「各位，準備好了嗎？」主持人一邊對著麥克風大喊，一邊在丹尼爾旁邊屈膝蹲下。她要蹲得夠低，才能在丹尼爾拿起杯子時看到杯底。她就定位之後說：「哇，我都在發抖了。」接著示意丹尼爾舉起杯子。現場一片緊張的靜默，她目光掃視杯底，然後開口：

「……**答對了！**」

她話音一落，現場就爆出震耳欲聾的音樂，觀眾紛紛站起身來，丹尼爾舉起拳頭在空中揮舞，座位前排傳來一陣相機的快門聲。在一片喧鬧之中，主持人大聲宣布：「獲勝者是代表愛爾蘭的丹尼爾！」丹尼爾一一擁抱來自法國、英國和瓜地馬拉的三位決賽入圍者；美國代表珍．阿波達卡（Jen Apodaca）不在這個舞台上，因為她在準決賽時遭到了淘汰。

「我有特別做準備，刻意不吃辛辣食物和太鹹的東西，但是直到我參加國際競賽，才明白有些人真的是超級強者。」阿波達卡這樣告訴我。「他們在國際賽事中已經連續得獎三年，而且為了維持味覺的敏銳度無所不用其極。他們在會場內走動時都戴著口罩，避免受到其他氣味干擾，一直到比賽時才會拿下來。」

阿波達卡要我用 YouTube 找決賽影片來看看，我看了才明白何謂「超級強者」。她說得沒錯，這場對決相當精采，丹尼爾只花了不到三分鐘，就在八杯不同的咖啡中正確辨識出七杯。而且別忘了，要找出這八杯咖啡，他得先嗅聞及試飲二十四杯咖啡呢。他是以每杯咖啡不到七秒鐘的品鑑速度，奪得世界杯測師冠軍的封號。

我想要知道如何成為極度神速又正確率超高的杯測師，所以幾週之後的某個星期日，我透過 Zoom 訪問丹尼爾，想了解杯測的「超級強者」是什麼樣的境界。星期天是丹尼爾現在唯一有空檔的日子，因為他正在努力發展自己的烘豆品牌「Sumo Coffee Roasters」，就像他先前為了成為世界杯測師冠軍一樣拚命。

我提起阿波達卡說他為了準備國際競賽無所不用其極的事情。「對啊，是真的，」他輕笑，「我的飲食非常瘋狂，基本上只吃雞肉和米飯，而且完全沒調味。一開始覺得很難吃，但是慢慢地，身體就習慣了。」

像我們這種不是杯測師的人，很難真正理解杯測比賽中那一組三杯的咖啡到底有多相似。在世界級賽事中，唯一不同的那杯咖啡跟另外兩杯在風味上的差異程度微乎其微，可能是用相隔只有幾公里的兩座農場的咖啡豆，烘焙至同樣程度製成；可能是採用相同的基豆，而其中一杯的豆子烘得比其他兩杯稍微深那麼一點點。對於未經訓練的人來說，這三杯咖啡在嘴裡嘗起來根本一模一樣。不過，丹尼爾的嘴巴當然經過一番特訓。他維持那種斯巴達式的飲食習慣長達四個月，「而且我非常認真，每天勤於練習，然後我體認到自己應該把重點放在分辨苦味上。只要我能分辨出苦味的一絲絲差異，只要我能對苦味非常敏感，我就能找出不同的那一杯咖啡。」

丹尼爾竭盡所能實踐這個策略。為了提高敏銳度，他在日常生活中避開一切苦的食物，甚至連有甜味的食物也完全不碰。基本上，除了他練習用的咖啡，他的飲食幾乎沒有任何味道可言。就這樣，丹尼爾在這四個月當中禁絕了所有的味道，只為了贏得世界杯測師冠軍的頭銜。

幸好，你不需要進行任何嚴格特訓，也不需要限制飲食，還是能瞭解如何品味。事實上，你會發現，這本書要你做的事情完全相反。在丹尼爾為了贏得杯測師冠軍傾盡所有努力以前，他的味覺之旅和許多人一樣，是從學習品嘗所有東西開始的。而對於各種味道的認識，讓他更能精進鑑別咖啡的技藝（甚至奪得冠軍！）。

不過，你並沒有期待自己成為世界杯測師冠軍，那為什麼要研究品味這件事呢？

我可以告訴你，鍛鍊過品嘗技巧的人，即使從平凡的食物中也能得到比較多滿足感（每個侍酒師都有自己最喜歡的平價盒裝葡萄酒）；我也可以告訴你，那些讓嗅覺保持敏銳的人都活得更健康、更長壽；或者我也可以為了勾起你的興趣而告訴你，那些建立在味覺和嗅覺的記憶是最鮮活，也是最能留在腦海到老的回憶。但這些都不是我要做的，我只要提出一個問題：有什麼習慣是你無論遇到什麼阻礙，仍會每天堅持進行的？

我們的冥想練習，往往會在數星期的壓力忙碌之下半途而廢。天氣不好時，人常常就懶得運動。如果看 Netflix 看到比較晚，你可能會沒刷牙就去睡覺，反正就這麼一晚沒刷，沒關係吧。但是你一定會吃飯，一天最少也會吃一次東西，這說不定是你一輩子做最多次的事情。三十二週大的胎兒，還在子宮內就已經會用臉部表情回應他們感受到的味道（嘗到胡蘿蔔會微笑，嘗到羽衣甘藍會皺眉）。你在成年之後，大約有百分之十五的收入是花在食物上。對於住在城市的人來說，這是僅次於住屋的第二大支出；對不是住在市區的人來說，則是排在交通費用之後的第三大支出。

我們一生都在吃喝，卻從未認真思考過我們真正嘗到的是什麼。其實，你有無數機會可以磨練自己的感知技巧。現在，就讓我們一起展開味覺之旅吧！

要說在前頭的是，想學會品味，並不需要花大錢，也不是一件高不可攀的事。這條路上並沒有鋪滿拉丁文字，也並非滿是限量酒款的瓶子。不過，我明白你為什麼會如此猜想，因為我也曾這麼以為。我曾經認為，那些沉迷於嗅聞杯中之物、並試圖用詞語來解釋自己聞到什麼味道的人，是在妨礙自己享受飲食的樂趣。我經營牛排館，有時會無意中聽到人們爭論花錢吃和牛值不值得，或者某款葡萄酒是否真的帶有皮革香氣，這時我總會心想：「大家就不能好好放鬆，單純享受嗎？」我曾覺得這些人矯揉造作、令人厭煩；這種反感，使我帶著與許多人不同的視角踏上品味之旅。

我總說我踏入品味的世界，不是從昂貴的威士忌聞香杯或調香師課程起步，而是從「旁門左道」開始的。我無意中透過世界上最普通的一種飲料，發現了風味的奧妙，那種飲料就是：啤酒。此外，我還真的是走「側門」踏進品味世界的。二〇一六年，我溜進巴爾的摩某間宴會廳，那次經驗讓我與品味的關係就此改變了。我說自己是溜進去的，是因為當時我不曉得入場要付費，我真的不知道。那是我第一次參加自釀啤酒比賽，我誤以為報名費已經包含了頒獎典禮的入場費用，後來才曉得，美國自釀啤酒大賽（National Homebrew Competition）的頒獎典禮本身就是一場餐宴。發現會場側門時，我偷偷溜了進去，決心不吃裡面的任何食物，也不喝半口啤酒；我只是想看看我的法式賽松（Saison，法文「季節」之意，故又譯為季節啤酒）有沒有得獎。除了我以外，還有三百五十位釀酒師入圍這個類別，個個經驗都比我豐富，所以我對於得獎並沒有抱持多大的希望。我待在角落，看著其他啤酒自釀師享用各種以啤酒烹調的菜餚、用啤酒佐餐，當頒獎典禮開始時，我悄悄找了個位子坐下，同桌馬上有人給了我一杯ＩＰＡ（印度式淡愛爾啤酒）。

「哦，不了，我不喝。」我輕聲說。他們還以為我的意思是想喝比利時黃金艾爾啤酒呢，我仍然客氣婉拒了，不過隨著台上揭曉一項項類別的得獎者，我也跟同桌的人們低聲聊起我是首度參加自釀比賽。這些人告訴我，他們自己沒帶任何自釀啤酒來參賽，不過他們的自製啤酒俱樂部有其他成員來參加比賽。我們聊天的時候，有幾個人從群眾中起身小跑步上台，充滿自豪地領獎，並在背景布幕前合照。

「接下來是第十九個項目，比利時和法國愛爾啤酒，這個項目的參賽者很多，共有三百五十七件參賽作品。」

「喔，這是我參加的項目。」我告訴同桌的其他人。

「獲得第三名的是詹姆斯．福……」我聳了聳肩；在我看來，我頂多拿到銅牌，不然就是什麼獎都得不到。

「別放在心上，在全國大賽上得獎的機會本來就小到不能再小。」其他人安慰我。

於是我就沒再注意聽台上宣布銀牌和金牌的得獎者，而是跟同桌的人聊起俱樂部會員資格有哪些細微區別（我從沒加入俱樂部過）。

「……來自紐約的納格利奇……」

聽到自己的名字，我停住了。「等一下！」我說。

「是你嗎？」同桌有人這麼問。

「……得獎作品是法式賽松。」

我在這場比賽中參賽者最多的類別贏得了金牌。我上台領獎，那晚成了我的轉捩點。很多人來找我，邀請我加入紐約市的各個自釀啤酒俱樂部；也有人請我分享我的賽松啤酒釀製配方。我用來釀啤酒的設備廠商想派人來拍照，Cicerone 啤酒侍酒師認證計畫也派人邀請我參加酒水半價的歡樂時光，去了解他們的認證內容。

Cicerone 計畫的認證模式大致上跟葡萄酒侍酒師的認證差不多：設有一系列不同程度的測試，應考者必須不斷累積對啤酒的專業知識，才能取得更高階級的認證。初級認證（Certified Beer Server）可以透過網路考試，接下來的中級認證（Certified）、高級認證（Advanced）和大師級認證（Master），則都需要實際通過品嘗測驗才能取得。

準備 Cicerone 中級認證考試的過程，是我第一次認真探究各種不同的味道。丁二酮（diacetyl，聞起來像電影院的爆米花）、乙醛（acetaldehyde，像未成熟的蘋果）和月桂烯（myrcene，讓人想到綠色和草類）等化合物的氣味對我來說很容易掌握，即使是用沒標記的杯子盛裝，我也能夠回想及辨識這些味道。但是要通過高級認證考試，我得掌握更高的品味技巧。我學會解析香氣，學會分辨啤酒中不同風味的來源成分。（酵母會產生丁香和白胡椒的香氣，但啤酒花會帶來薄荷或木質的調性。）

從那時起，我開始注意到啤酒以外的風味。生活中處處存在不同的風味：每週三早上，因為所有辦公桌都清潔過，辦公室裡的味道聞起來就不一樣；喝一口從街角熟食店買的冰茶之後，茶裡的單寧讓我的舌頭感覺粗澀；培根裹椰棗用的培根，是以蘋果木燻製而成的，如果改用山核桃木燻製，會讓這道菜增添更多風味嗎？

我大幅拓展腦中用於形容啤酒風味的詞彙庫，練習辨別我聞到的化合物，試著向外行人和啤酒業內人士描述，還要同時記住一百多種啤酒類型的質性和定量特徵，學習建立啤酒侍酒系統，並深入鑽研釀酒的化學原理。我全心投入，不遺餘力，總算是皇天不負苦心人，成為前一百位獲得 Cicerone 高級認證者。

我知道大師級認證測驗非常嚴苛，所以跟一位 Cicerone 大師級認證通過者討教，並報名一些課程。我獲得了桶裝啤酒認證和生啤酒機線路維護認證，還參加了起司研討會跟線上麥芽研討會。這個過程中，讓我投注最多時間、金錢和往返行程的，是 AROXA 品味師訓練，這個培訓讓我認識了比爾．辛普森博士（Bill Simpson，在第五章我會再進一步介紹他）。那也是我學習過程中最發人深省的一堂課。

我第一次挑戰 Cicerone 大師級認證測驗時，經歷了徹底的震撼教育。我走進考場時，預期這場考試會比進階測驗困難得多，但我應該還是可以辨別出什麼。那次測驗猶如一場馬拉松。知道自己面對的是什麼樣的挑戰之後，我決定好好準備，打算在二〇二〇年再次參加測驗，然後就遇到新型冠狀病毒大流行。疫情完全打亂了我環遊世界、向著名啤酒專家討教並品味作品的計畫，也讓需要多日密集接觸評鑑的 Cicerone 大師級認證測驗不斷延遲。在紐約市疫情爆發的初期，我每天唯一能期待的事，就是走路去食品雜貨店。為了讓生活增添一點樂趣，我開始為自己和先生策劃小型的試吃會。我會帶著風乾熟成兩個月的火腿、風乾熟成十二個月的火腿以及風乾熟成兩年的火腿回家，放在一起品嘗。此外還有新口味的起司，像是浸泡在葡萄酒中的曼切戈起司，或是用羊奶製成的高達起司。這段期間，我參加了蜂蜜品嘗線上課程，還獲得了蘋果酒專業認證和 WSET 烈酒證書。

二〇二一年，我終於可以再次參加 Cicerone 大師級認證測驗，結果以僅僅一個百分點的差距落第，無緣和世界上其他二十個人一樣獲得這個頭銜。

「你就差那麼一點，下次一定可以通過的。」一位 Cicerone 專員在電話中這樣告訴我。但我心中知道，不會有下一次了。我以為自己熱愛啤酒，但實際上，我真正著迷的是透過磨練品嘗技巧，來捕捉和理解啤酒的風味精髓。我的使命並不是將世界上最受歡迎的酒精飲料提升到什麼受人尊敬的地位，至少不再是這樣了。我現在的使命，是分享我所知道的知識，讓大家認識我們所忽略的嗅覺和味覺。讓我感到精神煥發的，並不是品嘗啤酒，而是遍嘗百味。我讀過許多關於品嘗葡萄酒、細嘗起司、品鑑威士忌、品茶，當然還有品嘗啤酒的書籍，但是基本上，書中完全沒有說明我們的品味能力從何而來。

回顧自己磨練品味技巧的歷程，我意識到我必須受邀參加各種私人聚會、加入特殊的訓練計畫，還有與一般人不容易接觸到的專業人士對話，才有如今的程度。更不用說，我為了受訓投入了大量時間和金錢。然而，學習如何品嘗並不是什麼特權，也未必要花大錢。我寫這本書的目的，就是揭開風味世界的神祕面紗，將有關品味技巧的對話從私人沙龍帶到你家客廳。別甩那些自以為高高在上的勢利鬼了，你可以盡情享受椰香炸蝦（一種以甜味襯托甜味的食物搭配）、層架最底下的波本威士忌（威士忌專家的最愛，一瓶只要十六美元），還有你會終生回味無窮的特別美食。

收到 Cicerone 大師級認證測驗的結果後，在接下來的一年裡，我採訪了一百多位調香師、品酒專家、科學家和專業評審，將我對品嘗所思與對方所知相互比較。我所了解到的一切，以及他們的智慧結晶，都記錄在這本書中。所以，這就是你在廣袤的品味世界中展開冒險旅程的起點，本書將指引你，從只會吃喝蛻變為懂得品嘗。透過這本書，你會了解味覺和嗅覺如何運作、影響味覺和嗅覺的因素，以及如何強化這些感官的能力。你也會學到如何更清楚描述自己嘗到的味道，還有一款葡萄酒「贏得」金牌的真正意義。你將學會專業品味師的術語，了解氣味會如何影響記憶。涉及科學知識時，我會加以說明，並且提供味覺和嗅覺相關研究未來可能的走向。對於化學感官（味覺和嗅覺）的研究會持續發展及突破，但是書本的內容不會變動；在我撰寫書稿時，就有關於嗅覺敏感度的最新科學研究問世了，我可以確定，本書付梓時，一定又會有更新的研究結果出現。幸好，這本書並不是要囊括所有人類感官知識的科學鉅作。正好相反，這本書是要激發你對感官的好奇心，由此展開屬於你的品味探索之旅。

就像鍛鍊任何技能一樣，隨著品嘗能力進步，你也會從中獲得更多滿足感，而且因為我們每天都會有幾次品嘗食物的機會，生活會多出許多樂趣。為了開始這段旅程，把握日常生活每次增添愉悅感的小小機會，我們需要從最基本的層面開始，那就是了解感官是如何發揮作用。接著，我們將探索如何砥礪、磨練及提升這些感官能力的運用技巧。最後，我們會探討品味這件事除了攝取物質和能量的功用之外，還會如何影響生命。這條路就在你的眼前，讓我們開始品嘗百味吧！

PART ONE

什麼是味道？

1 風味與大腦

兩名男子在不起眼的皮革卡座沙發上相對而坐，其中一位是學生，另一位是大師。房間裡空空蕩蕩，平凡無奇，石灰色的牆面和柔和的日光燈，讓學生斷斷續續道出的描述顯得鮮活而豐富：「萊姆糖、壓碎的蘋果、蜜瓜皮、未熟的鳳梨……」他的評分者點著頭，表示認同。

他啜飲第一口白酒，片刻的寂靜間，只聽得鋼筆在記分表上刷刷書寫之聲。到目前為止，伊恩·科伯（Ian Cauble）一切進展順利，這位滿懷抱負的侍酒師正在接受模擬考試，模擬侍酒大師（Master Sommelier）認證的盲品測驗。他將口中的酒吐進一個銀桶裡，開始加快步調。「味道像碎掉的石灰，山腳的碎石灰，白花，剛剪下的白花，白色百合。」然後他說出了如今顯得有些丟臉的名言——「剛打開的網球罐，新的橡皮水管，」他笑起來，「我覺得像這種味道。」

就連評分者也忍不住微笑，回應道：「這個描述很新奇。」

當然，這瓶酒的成分完全沒有這些東西。到底什麼成分會產生「山腳的碎石灰」的味道？但最終，伊恩成功地在完全盲品的情況下辨識出葡萄酒的確切產區和葡萄品種，使得這一幕成為紀錄片《頂尖侍酒大師》（Somm）中最令人難忘的一段。後來，他獲得了葡萄酒領域最負盛名的認證頭銜：侍酒大師。如果侍酒大師在酒杯中聞到某些味道（橡膠軟管、網球等等），這份品飲筆記是具有權威性的嗎？

若拿這問題去問波本威士忌品飲大師、肯塔基波本威士忌名人堂（Kentucky Bourbon Hall of Fame）入選者佩姬．諾伊．史蒂文斯（Peggy Noe Stevens），她會告訴你，沒有所謂錯誤的品飲筆記。「老實說，每個人的口味都不一樣。有人覺得是蘋果味，別人可能會覺得是梨子味，」她說，「我嘗起來是橘子味的東西，可能有人認為是杏桃味，所以我從不評判別人認為的味道對不對。」

相較於那些堅持評定品飲筆記是否準確的人，這個新觀點是鮮明的對比。許多烈酒製造商和調酒師正在努力消弭酒品產業龍頭的把關傾向，官方品飲筆記這種姿態高高在上的舊習，正是他們率先想要消除的東西之一。

品嘗味道這回事，就像生活中的許多事情一樣，介於兩個極端之間，不至於像花園裡的花種清單（或是網球！）那麼異想天開，卻又比「你嘗到什麼味道都是對的」更符合科學、更容易證明。這兩種觀點都有點對，也都有點不對；要理解這點，我們的探討方向不是從舌頭開始，也不是從鼻子開始，反倒要從大腦開始。事實上，帶來某種風味的化合物，是否存在於特定的食物或飲料中，答案只有肯定跟否定兩種。而神奇的神經通路和感覺細胞，能夠將這些化合物的存在傳達給大腦，讓我們得以感知風味。毋庸置疑，如果在你的澳洲麗絲玲白酒或波本威士忌中，丁酸乙酯的含量超過百萬分之三百，就會帶有某種熱帶香氣；我或許會覺得聞起來像芒果，你可能會說比較像鳳梨，但事實就是確實帶有這種香氣，而且人類聞得出來。如果有人喝了一大口白葡萄酒，卻只嘗得出黑甘草香精的味道，那就像是看到一塊黑甘草卻說那是綠色的一樣，應該趕快去看醫生了。生活經驗會影響我們對風味化合物的感知（我們將在下一章中詳細探討），但無論你舔過多少塊石頭，或是在多少間米其林星級餐廳用餐過，大腦都無法改變口中食物的化學成分。食物或飲品的成分中有沒有茴香腦（會產生甘草風味的化合物），答案只有肯定和否定兩種。你會將茴香腦的風味描述成黑甘草糖、新鮮小茴香、碎茴香籽還是苦艾酒，取決於你的接觸經驗，以及你的大腦如何整理和組織相關的記憶。但若是成分中沒有茴香腦，你就完全不會品嘗到那個風味。

有鑑於這些關於風味化學物質和大腦的事實，提升品味能力絕非練習技藝那麼簡單。提升品味能力所需的練習和大腦模式，與其說像精進泥塑技能的工匠那樣，不如說更像學習新詞彙的幼齡兒童。想像一下，在幼兒園的小組活動時間，老師對伸直腿坐在地墊上的學生說：「這張圖上有一隻毛茸茸的動物，牠有四隻腳、一條尾巴，還有下垂的耳朵，我們把這種動物叫做『狗』。」現在想像一下，有一群茶葉專家圍坐在桌子旁參加認證訓練。「你現在聞到的這種香氣，帶有香料和泥土的草藥味，我們稱之為甘草味。」我們的味覺和嗅覺受體不是看到一串字詞並賦予意涵，而是感知各種分子後賦予關聯或名稱。這種「賦予」，人未必會有自覺，那是大腦的一種機制，是身體功能天生的一系列反應，就像任何無意識的反射動作一樣。醫生用小槌敲擊你的膝蓋，你的小腿就會彈起來；聞到 股煙味，你就會想到：**失火了！**這些都是不由自主的。品嘗就跟其他反射動作一樣，是 種動物性本能，之所以存在，是為了回答一個最原始、最關鍵的問題：**這種物質是食物嗎？**

第一次看到切好的血橙時，你的視覺會判斷這跟你以前見過的水果有些相似，但並不一樣。你的觸覺證實了這種相似性，接著就要由你的化學感官來確定這種陌生的深紅色是否表示這個水果有毒性、有甜味，或是代表其他味道。只要試探性地輕輕一咬，你的大腦就會開始同時思考兩個問題：**這東西我該吃嗎？**還有**等等，這是什麼？**第一個問題的答案要透過味覺系統尋找，味覺系統是由與味覺有關的受體、神經細胞和器官組成的網絡。當味道強烈的血橙碰到你的舌頭時，會接觸到一系列蘑菇狀的腫塊。你大概知道那叫味蕾，不過現在我要告訴你這些腫塊的真名：蕈狀乳突（fungiform papillae），蕈狀表示形似蘑菇，乳突（papillae）則源自拉丁語，字面意思是乳頭，後來衍生出小突起物的含義。這些蘑菇狀的突起物，各有三到五個味蕾。而在已經小到肉眼看不見的味蕾內部，還有三十到一百個更小的味覺受體細胞。這些又長又薄的細胞，才是舌頭擁有品味能力的原因，只不過大家都以為那是味蕾的功勞。

味覺受體細胞在味蕾內呈束狀排列，就像一串串細長的香蕉。在香蕉莖的位置，有幾十個類似天線的構造，稱為微絨毛。這些小巧的天線從味蕾上稱為「味孔」的小洞探出，進入口腔。當第一小口血橙進入嘴裡時，食物中的化合物會溶解到你的唾液中，然後就可以像海底的海草一樣，漂浮在隨唾液搖曳的微絨毛森林裡。血橙的數十種風味化合物當中，有一種與微絨毛糾纏在一起，然後——**轟！**——品嘗由此開始。

我們要將重點放在血橙的一種甜味化合物上，那就是果糖。果糖只會與檢測甜味的味覺受體所連結的微絨毛結合，這種味覺受體稱為第一型味覺受體，又稱T1R味覺受體。T1R的受體細胞受到果糖活化之後，就會釋放訊號給與香蕉束狀的受體細胞簇另一端相連的味覺神經。這些訊號會將味覺訊息傳送到大腦，最後由大腦處理這些資訊，並產生我們稱之為甜味的那種令人愉悅的感覺。如果你是卡通人物，這就是你頭上冒出燈泡、靈光乍現的那一刻。有一種來自原始本能、既強烈又清楚的訊息：**沒錯，沒錯，這是甜的！吃吧！**接著會產生第二個訊息：**記住這個地方。這裡有卡路里和能量，我們應該再來吃**

這些充滿營養的橘色球體。

苦味和鮮味的訊號，也是透過T1R味覺受體細胞傳送到大腦。平時會發出「繼續吃！這裡面有很多蛋白質！」訊息的鮮味受體，在品嘗血橙時並不會受到活化。不過，與苦味味覺受體相關的微絨毛則會發揮一些作用。血橙中含有一些苦味化合物，尤其是當我們吃到果肉和果皮之間的白色橘絡時更為明顯。我們吃到苦苦的白色橘絡時會停下來，就是因為苦味化合物活化了這些受體細胞。

若要完整討論血橙的味道，就不能不提血橙那股濃烈的酸味。酸味訊息到達大腦的途徑，與甜味和苦味的途徑不同。要嘗到酸味，化合物必須穿過味孔，直接與味覺受體上的離子通道產生反應。這會引起一串連鎖反應，告訴大腦，**好酸！這味道不太好，也許我們不該吃這東西。**

當鈉離子開啟味覺受體細胞中的鈉離子通道，就會啟動一系列反應向大腦發出訊號，告知大腦這裡有一些礦物質，如果身體缺乏礦物質，應該多吃一點；這時感受到的就是第五種基本味道，也就是鹹味。這就是為什麼鹿只有在需要鹽的時候才會去舔鹽塊。人類已變得非常容易忽視這種本能，即使已經擁有豐富的礦物質，還是會伸手去拿鹽罐。

不過，吃過血橙的人都知道，這種水果不僅又酸又甜，微帶苦味，還有一種淡淡的蠟質柑橘香氣、一種清新的草木香，跟一絲有如血橙花朵本身的花香調。這種層次複雜的微妙風味，使得血橙變得獨一無二，但味覺受體無法感知，因為我們的味覺受體只能感知五種基本味道：甜味、苦味、鮮味、酸味和鹹味。未來，我們或許也會發現有與金屬化合物、碳酸化、澱粉和脂肪對應的受體能發送訊號，進而列入基本味道，但是目前還沒有科學根據能加以證實。目前，我們了解的味覺受體僅限於五種味道，因此無法透過味覺來解析血橙與臍橙、橘子或任何流行的新種柑橘類水果（如橘柚）之間有何不同。相反地，這些特徵要靠你的四百多個氣味受體來辨別。

這些氣味受體，正是讓品味這件事變得個人化的關鍵。對於基本味道，每個人感知的方式都差不多；但若談到嗅覺（olfactory，是 smell〔氣味、嗅聞〕的講究說法）的受體，個體差異就變大了。原因在於，人類有大約一千個基因可以解析透過嗅覺路徑傳達的香氣。整體而言，人類的全部基因組包含大約兩萬個基因；也就是說，在這些讓每個人變得獨一無二的基因當中，有百分之五與一項感官能力的敏銳度有關，那就是分辨氣味。

很難想像，偵測氣味對於人類經驗居然如此重要，甚至需要如此眾多的基因來詳細解析氣味。科學家首度發現這個事實時，也十分吃驚。也由於這項突破性的發現，讓找出這些基因和嗅覺路徑的兩位研究人員理查．艾克謝爾（Richard Axel）和琳達．B．巴克（Linda B. Buck）在二〇〇四年獲頒諾貝爾生理醫學獎。不過，我們先細想一下。若考慮到我們的嗅覺可以解答多少問題，一千個基因就不顯得多了。這些基因要負責解析所有香氣線索，為人類提供種種問題的答案，像是：**我以前來過這裡嗎？這個食物跟我之前吃過的東西像不像？這種飲料會讓我想起我喜歡的事物嗎？我正在接近危險嗎？**

要破解嗅覺線索，得從更多毛髮狀的結構著手。這些毛髮狀結構稱為纖毛，它們不是在唾液中搖曳，而是在鼻子內壁的黏液中搖擺。鼻腔頂端有個叫做嗅覺上皮的長形組織，纖毛就附著在嗅覺上皮的嗅覺受體細胞上。當你聞到某種氣味時，就表示你主動將該物質的微小碎片吸入鼻腔。氣味並不是獨立於味道來源本體之外的一種特質，而是來源本體的極小碎片。當你小心嗅聞過期牛奶，確認有沒有變質時，其實是將腐壞牛奶的微小顆粒吸入鼻道內的七公分處，撞上嗅覺上皮內的黏液。腐臭牛奶的微小顆粒被纖毛捕獲，刺激對應的嗅覺受體，讓受體與嗅球細胞通訊。（下次發現寶寶該換尿布時，別忘了這一點！）

要能讓纖毛捕獲，氣味化合物的大小必須剛剛好。這些顆粒必須夠小，才能通過七公分的路程而不被沿途的鼻毛森林纏住，順利到達嗅覺上皮，但又不能小到無法被纖毛捕獲並接觸到黏液層。要是鼻腔黏液不夠，我們的嗅覺就會減弱。在偵測香氣這方面，黏液有兩大重要功能。首先，黏液可以讓嗅覺上皮（與其中脆弱的氣味受體細胞）保持濕潤柔韌，對嗅覺上皮具有保護作用。其次，黏液中含有負責結合氣味分子和嗅覺受體的氣味結合蛋白（ＯＢＰ）。如果沒有黏液持續供應氣味結合蛋白，氣味就無法向大腦發送訊息，也就無法被大腦察覺。這就是為什麼力求表現的品酒師在大型活動或品酒考試之前，都極度愛用加濕器。一個品酒師只要鼻腔比競爭對手來得乾燥一點，就可能會因為缺乏黏液，而捕捉到較少的風味分子。你也可以自己體驗一下。下次搭飛機或是前往極度乾燥的沙漠地區時，不妨聞聞你熟悉的東西，像是最喜歡的茶或有包裝的糖果，感受一下氣味是否比往常來得平淡、不那麼吸引人了？

說到嗅聞氣味，我們往往會聯想到鼻子，但還有另一條路，可以通往那塊浸透黏液、開始合成氣味的人體組織。讓我們倒掉變質的牛奶，回頭來吃血橙吧。在咀嚼過程中，臼齒會將血橙切碎，釋放出香氣分子。這些分子從喉嚨後部往上飄浮，直接碰上嗅覺上皮。這稱為鼻後通道。當香氣以這種方式傳播時，會對大腦要一些小把戲。由於香氣分子是透過咀嚼而進入鼻後通道，大腦會誤將口腔內部當作氣味的起源。這種感覺上的錯置，會導致特別芬芳的鼻後香氣被當成口腔中感受到的豐富風味（第四章有這方面的強力佐證）。正是因為這種大腦錯覺，我們經常說血橙酥餅「味道不錯」，但這道甜點嘗起來其實只是甜甜的帶點酸味，可是**聞起來很香**，尤其是香濃的卡士達醬、全麥餅乾、橙油和焦糖的氣味。

因為有這兩種氣味通道和人類用於解析香氣的眾多基因，我們認知中的風味，至少有八成是透過嗅覺感知到的。對於鼻腔後方的一小片皮膚來說，這真是相當大的負擔。為了增加負荷能力，這一小塊組織擁有最能直接將資訊交由大腦處理的途徑，比味覺更直接，甚至比觸覺更迅速。無論氣味活性化合物是透過鼻子還是喉嚨接觸到嗅覺上皮的纖毛，一旦訊號透過嗅覺受體傳遞到嗅球，只需幾個神經元快速傳導，就能送達嗅覺皮質（或梨狀皮質）處理。嗅覺皮質是大腦邊緣系統的一部分，邊緣系統還包含處理情緒的杏仁核，以及形成記憶與儲存記憶的海馬迴。在本書後面的第十二章中，我們將探討強烈情緒與氣味之間的關聯，以及如何利用這種關聯來提升品味能力和生活品質。海馬迴也主掌了大部分的認知學習能力，這是辨識風味與學習新詞彙之間的另一個相似之處。

關於這條通往大腦重要區域的快速通道，我們尚未完全了解，但可以確認有一個功能是保護人類免於危險。燃煙的氣味，會透過最直接的通道向大腦傳達訊號：**危險！快跑！**在我們看到火焰或感受到火焰的灼熱之前，大腦就已經意識到危險。再舉個沒那麼糟糕的情況為例，當你聞到早餐盤上剛切好的柳橙的味道時，就會想起與朋友一起喝的含羞草雞尾酒，或是小學時足球場上的中場休息，原因就在於這條認知資訊的高速通道。

這種電光石火的快速反應，以及與記憶的緊密關聯，可以追溯到人類依靠化學感官來解答的那些基本問題：**我在吃什麼？好吃嗎？我以前吃過嗎？這會讓我生病還是提供我能量？**更符合現代的問題可能是：**這個樣品酒聞起來像我喜歡的夏多內白酒嗎？還是我該把它退回去？**或是**奶奶以前是用什麼香水，讓我一聞到就會想起她？**

這是風味對你產生的效果之一：能讓你馬上感覺彷彿回到祖母的懷抱。不過風味也能給你更真實的感受。血橙中帶有酸味的檸檬酸會滑經你的味孔，向你的大腦發出酸味即將到來的信號，但檸檬酸也會讓舌頭感到輕微的刺痛。這種疼痛會透過體感系統（負責感知觸摸、壓力、疼痛、溫度等）向大腦單獨發送訊息，警告大腦口腔內的酸鹼值偏低、有危險之虞，並啟動恢復酸鹼值平衡的反應。

為了測試你的大腦如何反應，我們來做個小實驗。想像你的嘴裡含著你嘗過最酸的糖果，也許是 Warhead 爆炸頭極酸糖果，或是 Sour Patch Kid 酸屁孩軟糖；如果你不喜歡吃糖果，就想像嘴裡含著新鮮檸檬的果肉。你注意到什麼風味？你口中含著的糖果或水果有多大？口感如何？現在，將注意力轉向頷部關節。你是不是咬緊了牙關？口腔內是不是分泌特別多的唾液？我猜你對這兩個問題的答案都是「是」。這是因為即使嘴裡並非真的有食物或糖果，你在想到酸味時也會無意識地產生反應。醋、檸檬汁和新鮮優格等酸味食物，會與舌頭上的觸覺受體相互作用，讓口腔分泌唾液來充當緩衝溶液，保護脆弱的口腔表面不被酸灼傷。

風味也會帶來其他反應。綠薄荷口香糖的清涼感和辣椒乾的熱辣感，都是來自口腔中觸覺受體的反應。舌頭可以感覺到辣味，但辣並不是基本味道之一，會感覺到辣味是因為辣椒中含有辣椒素，對觸覺受體造成灼燒刺激感帶來的反應。這些觸覺感受，可以讓你分辨你吃到的莎莎醬是不辣、微辣還是很辣。

每個人都擁有嗅覺、味覺和觸覺這三種感官的受體，而對於志在成為卓越品味師的人來說，有個好消息，那就是這些感官受體都可以訓練！我們會在下一章提到，所謂超級味覺者天生就能察覺最細微的特定風味，這說法只是個迷思。不過，我們確實生來就對風味擁有不同的世界觀，第二章將告訴你這些世界觀是如何形成的。

2 人人不同的品味世界

這一刻終於來了：我要做一個任何品味經驗都無法派上用場的品嘗測試。

我置身在一間有天鵝絨幔裝飾的典雅房間裡，燈光昏暗，只能勉強照亮幾座底部離地面僅僅幾公分高的低矮長沙發。在如此別致高雅的地方，應該是要坐下來享用一杯冰馬丁尼，討論愛樂樂團新樂季的演出，但我卻是在準備吐出舌頭，讓懸在我面前的那張小紙片降臨。世界知名的感官研究者查爾斯・史賓斯（Charles Spence）將大約四公分長的白色長條紙遞給我，這紙條毫不起眼，卻能揭露我的品味能力究竟到什麼程度。

我呼出一口氣，注意到口腔因為期待而變得有點乾燥，不曉得會不會影響測試結果。我是不是怕得不到想要的結果，所以在想辦法找藉口？已經來不及再多想了，我拿起那張紙，放在我伸出的舌頭上，等待接下來發生的事。

在上一章中，我說明了人類的味覺和嗅覺如何發揮作用。每個人的嘴、鼻子和大腦中都有相同的受體，連接著相同的神經通路。員工餐廳裡那個大聲喝湯的人，跟另一個悄悄從副餐沙拉裡挑掉蘿蔔的人，他們腦中連接的通路是一樣的。在他們的口袋裡，可能也有一樣的 iPhone。關於個人味覺系統的發展和運作方式，手機是個很恰當的比喻。每台手機都搭載相同的基本功能和相同的硬體，但沒有任何人的手機設定會跟別人完全相同。有些差異是手機原有的，像我爸的手機是舊款，在光線昏暗的餐廳裡拍不出照片，而我的新款手機不僅可以拍出高畫質的照片，還可以記錄照片的GPS位置，以及按下快門時穿透鏡頭的光線量。有些差異來自個人使用方式，我手機上預先安裝的「股票」應用程式應該覺得很悶，因為我從來沒有打開過它；但是我自己下載的好幾個照片編輯應用程式，卻是每天都在用。

就像我們手機上的設定、應用程式和下載項目一樣，影響我們個人飲食品味的因素可能是與生俱來的，也可能是後天加入的。這些因素包括我們天生的敏感度、後天習得的關聯性，以及所處文化讓我們對於特定風味產生的反應。在這一章中，我要來談談由基因、個人經驗和文化影響所產生的獨有特質，是如何塑造我們對於一切事物的品味方式。

我與史賓斯會面，正是為了探索這個獨特的風味世界，他要給我看看我對味道的體驗與別人有多大的差異。他彬彬有禮地坐在我對面，看著我將沾有 6–n– 丙硫氧嘧啶（6-n-propylthiouracil，常稱為「PROP」）的濾紙放在伸出的舌頭上。就在那瞬間，我整個人縮了一下，幾乎是用嘔的把那張紙吐出來用手接住，它在嘴裡多待半秒我都嫌太久。把那張紙丟進垃圾桶時，我心想：**太棒了！**

「喔，」史賓斯說，「看來你是有反應的。你嘗到什麼味道？」

我微微一笑，隱含著滿懷的勝利感。「非常苦，就像吃藥一樣。」

「像在吃沒有膜衣的阿斯匹靈嗎？」他問。

「沒錯。」我同意。

這個簡單的味覺測試，是用來分析塑造個人味覺世界的其中一個遺傳特徵。要測試的基因叫做 TAS2R38，是「超級味覺者」（supertaster）的基因。

佛羅里達大學嗅覺與味覺中心教授琳達．巴托舒克（Linda Bartoshuk）博士澄清：「並不是這個基因讓你成為超級味覺者。」她說這句話很有參考性，因為她正是在一九九〇年代初期創造出這個詞的人。

「當時我們在尋找能感知苦味的那一個基因，結果在 PROP 品嘗測試中發現了超級味覺者。」她說。

巴托舒克和研究團隊之所以對 PROP 和 TAS2R38 感興趣，是因為只要簡單測試一下對 PROP 的反應，就能根據品味敏感度將受測者分類。有些人屬於「味盲者」（nontaster），對他們來說，布滿 PROP 的試紙只不過是一張放在嘴裡的紙片而已。有些人屬於「一般味覺者」（taster），他們會感覺到一點苦味，但不會覺得特別苦或是到討厭的程度。有些人則是「超級味覺者」，他們覺得 PROP 非常苦，苦得幾乎會感覺到刺痛。巴托舒克指出，這個分類法只針對苦味；受測者接受 PROP 測試，測出來的結果只代表他們是苦味味盲者、苦味一般味覺者，或是苦味超級味覺者。

「但即使你在苦味這方面不是一般味覺者，還是有可能成為超級味覺者，」巴托舒克強調，「還有其他種類的測試。」

對於大約四分之一的超級味覺者來說，不是只有苦味會帶來強烈的衝擊。他們體驗到的風味世界，比其他四分之三的人要來得濃厚強烈，甜味嘗起來更甜，辣椒的灼痛感更劇烈，脂肪的乳脂質地也更明顯。

之所以會有這些強烈感受，都是因為生理構造的關係。

「味蕾周圍包圍著許多纖維，那是痛覺感知纖維，」巴托舒克解釋，「所以你的味蕾越多，痛覺纖維就越多，這就是為什麼你會比別人更覺得熱辣刺痛。」

超級味覺者的味蕾數量比別人來得多。根據味覺能力不同，舌頭上的蕈狀乳突（前一章提到的那些容納微小味蕾的結構）數量也會不同。超級味覺者的舌頭上，每平方公分可能有六十個以上的蕈狀乳突，一般味覺者每平方公分大約三十個，而味盲者只有十五個，甚至有少到十一個的案例。

超級味覺者的味蕾數量比別人多，也讓他們成為風味的「超級感知者」。有專家特別做過研究，證實味蕾周圍的這些纖維可以像手指一樣感知形狀和紋理。研究人員請受試者只用舌頭舔舐浮雕方塊，分辨方塊上面是什麼字母。超級味覺者透過舌頭觸感辨識字母的準確度，是味盲者的兩倍。一個高度二點五公釐的字母（大約是本頁一個字的高度），就足以讓超級味覺者正確辨識出來，而味盲者則要至少五公釐高的字母才能分辨出來。

除了 PROP 味覺能力類型和蕈狀乳突之外，巴托舒克還用了一項最後的測試來辨識超級味覺者的特徵：「假設你這輩子經歷過最愉悅、最美好的事情是一百分，最糟糕、最不愉快的事情是負一百分，零分代表不好不壞，你會給你最喜歡的食物打幾分？」

巴托舒克所指的，不光只是最喜歡的食物（例如盤子上的一大塊起司），而是你最棒的美食體驗。我的腦海中浮現我在比利時喝的第一杯修道院啤酒，配上大塊的陳年高達起司和辛辣的黃芥末。我告訴她我會給八十幾分，準確來說，大概是八十七或八十八分。

「很好！」她大聲說道，「基本上大家都不會給到一百分。然後也不用擔心，大多數人也都不會給性愛經驗一百分。大部分人會打一百分的事情，是與家人伴侶共度的時光。」巴托舒克說，人們通常會給自己最喜歡的食物六十到八十分。而超級味覺者在這個愉悅量表上給飲食經驗的評分，通常都高於一般味覺者和味盲者。

「我們知道一般味覺者的味蕾通常比味盲者多，這是表層生理結構上的特徵，但是愉悅程度的高低是由大腦決定的。」了解一般味覺者對於食物與生活經驗的連結方式跟味盲者有什麼差異，是巴托舒克團隊探究的眾多目標之一。

苦味品味能力、味蕾數量以及對飲食樂趣的愉悅等級評分，是巴托舒克在判斷超級味覺者時憑藉的三個標準。我對自己的品味能力分類感到很興奮，畢竟，我如果是味盲者，還可以寫這本書嗎？

其實，答案是可以。儘管超級味覺者聽起來好像跟神力女超人一樣有超能力，但這個特質完全無關乎描述味道的才能或精確辨識特定風味的能力。事實上，超級味覺者未必像漫畫英雄那樣勇氣十足，反而往往怯於嘗味。

「味覺超級者小時候會有很多食物不吃，因為感受太強烈了，」史賓斯在我做品味評估時告訴我，「這就是為什麼我跟我媽都討厭餐桌上的抱子甘藍，但我爸總堅持要我們吃掉。」他的父親是個味盲者，很可能無法理解花椰菜莖或抱子甘藍的苦味對於一個小小超級味覺者來說有多討厭。那種經歷可能極度痛苦，就像用肉眼注視太陽時的衝擊感。這會導致超級味覺者較少體驗新奇的食物，感官記憶也會減少；我們在第十二章中會談到，新的食物體驗和感官記憶對於生活中的品味體驗至關重要。若要成為敢於冒險嘗鮮的老饕，超級味覺者必須積極抵制自己選擇清淡食物的傾向，並冒著觸發敏感疼痛反應的風險，才能享受美式ＩＰＡ或沙拉中蘿蔔的苦味。

「『超級』這個詞沒有評價的意思，只是我在實驗室裡對這個類型的稱呼。」巴托舒克說，「也許我當時應該選用別的詞彙。」

我在想如果用「強烈味覺者」會不會更貼切一點，但在我開口提議之前，她又說：「我不是超級味覺者，坦白說，我也不希望自己是。」

儘管如此，我還是很高興能證實自己是個超級味覺者。我往後靠上天鵝絨座椅的柔絨椅背，得意地想著，我已經擺脫童年時期常吃的乏味起司和餅乾，將品嘗經驗拓展到帶有苦味的菊苣沙拉和富有野味的牛舌湯，成功克服了超級味覺者的障礙；這時，史賓斯開始了下一階段的感官能力評估。這次是對鼻子的考驗。超級味覺者這個榮譽勳章，代表的是對五種基本味道特別敏感；但在感知風味時，對氣味的敏感度是首要能力。那些熱愛美食的人，真正應該尋求的是「超級嗅覺者」的能力；而對於掌控這種能力的基因，科學家已經快要找出來了。

就像苦味的品味能力分為味盲者、一般味覺者和超級味覺者，嗅覺者的品味能力也自有分類。對氣味極度敏感的人屬於嗅覺敏銳者（hyperosmic），敏感度普通的人屬於嗅覺正常者（normosmic），對氣味敏感度較低的人稱為嗅覺低下者（hyposmic）、沒有嗅覺的人則稱為嗅覺喪失者（anosmic）。有多項研究發現人的嗅覺能力與某一個基因上的等位基因有關，這些研究的結果都顯示，氣味結合蛋白基因（OBPIIa）上有兩個A等位基因的人會是嗅覺正常者。身為嗅覺正常者雖然不像身為嗅覺敏銳者或「超級嗅覺者」那麼令人興奮，但這些研究發現，OBPIIa 基因的兩個等位基因都是A者比較能夠感知單分子的氣味，也能在較低閾值辨識出氣味。未來或許會出現某個公認的名稱，來描述超級敏感的嗅覺敏銳者。在科幻小說裡，如果有用基因工程調整小孩基因的劇情，對話通常會是討論增加身高、選擇眼睛顏色，或是去除提高罹癌率的基因。或許等到真的可以在實驗室裡選擇未來兒女的髮色時，我們還會指定氣味結合蛋白基因上要有兩個A等位基因。

回到我跟史賓斯所在的房間。他拿著一個小瓶子，在我鼻子附近不遠不近的地方揮了揮，讓氣味向我飄蕩而來，而不是直衝鼻孔。

「這個氣味讓你想到什麼顏色？」

我閉上眼睛，嗅聞著空氣。

「有想到什麼顏色嗎？」他催促著。

我的思緒開始盤旋，很想脫口而出：「洋紅色！」但又不太對，這氣味聞起來像植物，絕對是草本植物，好像還有點粉末的感覺。

「嗯嗯，」我低聲說道，「好像是綠色？」

「綠色嗎？」查爾斯重複道，他稍微睜大了眼，表情看起來好像很驚訝。

糟糕，我想太多了，居然在查爾斯．史賓斯面前出糗！

「呃，我本來想說紫色的，但又感覺很植物，不好意思。」我結結巴巴地說，「**很植物**這種講法好像怪怪的，我的意思是這氣味很像是會生長，就像一個正在成長的東西。」

（在後面的第九章中，我們會再來看看描述聞到的東西為什麼會讓我語無倫次。）

「這是β紫羅蘭酮，」他一邊說，一邊轉緊小瓶的蓋子。「我們會在紫羅蘭上聞到這種味道。」

史賓斯告訴我，有三分之一的人無法感覺到小瓶子裡飄出的綠色或紫色香氣。當你在人行道上等著過馬路時，如果能聞到街道上紫羅蘭花的香氣，都歸功於一個基因：嗅覺受體第五家族A亞家族成員1，簡稱為OR5A1。若是這個基因上帶有一對敏感等位基因的人，可能會在經典的「飛行」（Aviation）雞尾酒中發現紫羅蘭利口酒（一種浸漬紫羅蘭花製成的酒）的芳香，而且覺得這種香氣非常濃郁，就像直接舔紫羅蘭花一樣。但若是帶有一對不敏感等位基因的人，可能根本不會察覺這股花香。以這個情況來說，帶有一對不敏感等位基因的人被認為是對β紫羅蘭酮有「特異性嗅覺喪失」（specific anosmia），比較不專業的術語是對特定香氣有「氣味盲」（或更口語的說是「鼻盲」）。

稱之為「盲」，感覺似乎很嚴重。難道這些嗅覺喪失者來到地球一趟，卻註定無法體驗紫羅蘭花田散發出的絕妙自然香氣嗎？

「草莓的香氣是由兩百多種化合物組成，」奧勒岡大學食品科學與技術系的林聚雲教授（Juyun Lim，音譯）告訴我。

「如果這兩百種化合物中有兩種你聞不到，但那不是重要的化合物，那麼聞不到也沒關係，對你來說，這就是草莓的氣味。」只有當聞不出的化合物是整體「草莓味」中的三、四種關鍵化合物時，人們對於草莓味軟糖的理解才開始出現差異。

一杯葡萄酒會散發出多達一千種揮發性香氣，其中有數十種是構成這款葡萄酒特色的關鍵香氣。「我聞到葡萄酒的味道，可能會覺得有櫻桃味，」林說，「但若你說聞起來像櫻桃醬，也許我不會贊同。每個人會對不同的化合物特別敏感，差異可能很大。」

以這個例子來說，覺得櫻桃跟櫻桃醬的香氣不同，可能是因為對化合物順－3－己烯醇（cis-3-hexenol，通稱葉醇）的敏感度差異；與葉醇相關的基因只有兩個，而研究顯示，若這兩個基因都帶有不敏感等位基因，「會使人對於這種化合物毫無反應」。葉醇可帶來清新的香氣，有人會說是帶有青草的感覺，這種香氣特點，就是讓櫻桃果乾與新鮮櫻桃擁有不同櫻桃味的原因。然而，如果你聞不到葉醇，就無法理解它那股清新香氣是什麼感覺，也就無法區分烤櫻桃派與新鮮摘下的櫻桃在氣味上有什麼差異。

不過，特異性嗅覺喪失有時也有好處。例如，有些葡萄酒會出現類似地下室霉味的味道，稱為「軟木塞汙染」（corked），在專家眼中是一種缺陷；不過對三氯苯甲醚（簡稱TCA）這種化合物嗅覺喪失的人，就不會聞到這種味道。（TCA的霉味，在啤酒甚至巴薩米克醋中也會出現。）最昂貴的葡萄酒，也就是那些大家認為值得陳年存放的葡萄酒，通常是用天然的軟木塞來封存（而非不含TCA的合成材料）。打開用軟木塞密封十年以上的酒瓶時，總是存在著風險；你可能一喝就覺得這瓶酒買得十分值得，但也可能發現酒被汙染了。不過，如果是對TCA無感的葡萄酒愛好者，就不會有被這個缺陷毀掉美酒的風險：他們喝起來都一樣，都能好好享受。

另一種你可能會寧可聞不到的化合物是吲哚（indole）。有百分之五十的人沒有吲哚的受體，所以不會聞到豬圈的氣味，更具體來說，是豬糞便的氣味。此外，還有百分之六的人對異戊酸無感，而異戊酸是汗臭襪子味和體味的主要成分。

隨著科學家持續研究與氣味感知相關的四百多個獨立基因，人類才逐漸明白每個人的氣味世界差異有多大。基因組成決定了我們嘗得到或嘗不到哪些化合物，以及我們對不同化合物的敏感度，而敏感度又決定了我們對特定氣味會感到討厭還是喜歡。正是味道偏好的細微差異，塑造了每個人不同的風味世界。對苦味不太敏感的人，可能會喜歡帶有啤酒花味的IPA和單寧較重的紅酒，而對苦味敏感的人則可能會喜歡甜甜的水果味雞尾酒和帶有花香的清酒。

然而，這些固有的偏好未必都是刻劃在DNA之中；有些是從經驗中得來的。早在我們還是子宮裡的胎兒或剛出生幾天的嬰兒，還沒完全發展出意識時，某些味道偏好就已經灌輸到我們身上。媽媽如果經常吃胡蘿蔔和大蒜等味道明顯的東西，不太可能養出會挑掉披薩上所有營養配料的小孩（大家身邊都有這種小孩，對吧？）。有幾項研究分析母親在懷孕期間的飲食，結果發現，相較於飲食口味有所控制的媽媽，飲食口味較重的媽媽所生的嬰兒面對味道或氣味較重的食物時比較少做出負面的表情。沒有出現負面表情與食物接受程度有關，也就是說，如果給這些嬰兒沒吃過的新奇食物，他們比較有可能大膽接受，而比較大膽的飲食傾向，也就代表披薩上的配料種類會比較多！

這些食物偏好，在童年結束後仍會陪伴我們很久。德國曾有人做過一個簡單的味覺測試，清楚證實了這種現象。研究人員向成年受試者提供兩種番茄醬樣品，詢問受試者比較喜歡哪一種。這兩種番茄醬的成分大致上相同，只有一個差異成分：香草醛。你或許已經猜到，香草醛是香草中的氣味活性化合物。加了香草的番茄醬聽起來有點噁心，但有群受試者幾乎無一例外地偏好香草番茄醬這種怪東西，那就是小時候喝奶粉的人。原來，德國的嬰兒配方奶粉中含有少量的香草醛。這些成年人即使已幾十年沒喝過配方奶，仍不自覺地喜歡香草醛。

嬰兒第一次吃東西時，都會面臨幾百種變數。任何一點經驗差異，都可能讓某個小孩在冰淇淋店堅持只要奇怪的口味（我永遠不懂誰會點藍色覆盆子小熊軟糖搭配酸脆餅），或讓另一個小孩除了香草冰淇淋搭配巧克力脆片之外什麼都不肯嘗試。

這些無形偏好完全不在自己的控制範圍，卻形塑了我們的日常飲食體驗，而且當我們開始吃固體食物時，這些偏好只會繼續累積。事實上，咀嚼固體食物的方式也會影響每個人的味覺差異。每個人對於食物的「口腔處理」方式都略有不同。你可能會想，還能有什麼不同？咀嚼就是咀嚼，結果不是都一樣嗎？

並不是。光是要將焦糖烤布蕾或冰淇淋等軟質食物從嘴裡送到胃裡，就有四種方式。「簡單型」的人只會將舌頭往上顎一頂，然後吞嚥：本來在那裡的軟質食物一吞就不見了。「操作型」（有時稱為「咀嚼型」）的人會上下移動下顎，讓牙齒將食物從口腔移至喉嚨。「舌頭型」的人則是依靠舌頭來完成這項工作，將舌頭沿著上顎左右移動，將食物推向喉嚨。「品嘗型」的人會多花一點時間在食物上，可能是抵著上顎吮吸幾次，彷彿想從食物中多擠出一點味道，或是讓食物先散布到臉頰內側，再移至喉嚨，這樣食物就能接觸更多的口腔表面積。根據二〇〇〇年的一項研究，大約百分之二十的人在將卡士達從湯匙送到喉嚨時，屬於本能的「品嘗型」。下次享用巧克力慕斯或奶油優格時，請留意你是如何使用牙齒、舌頭和臉頰，因為你最依賴哪個部位，會影響甜點如何刺激你的味蕾。

荷蘭瓦赫寧恩大學的科學家和聯合利華（Unilever）研發部門合作進行了一項實驗，請受試者以兩種不一定是自己本能咀嚼行為的方式食用冰淇淋：一組是讓冰淇淋在口中完全融化後吞嚥，另一組則要先咀嚼冰淇淋再吞嚥。等待冰淇淋融化在舌頭上的受試者，覺得冰淇淋的質地比較綿密，且甜味明顯。咀嚼冰淇淋的受試者則覺得水果味明顯更濃，而且感覺更冰。根據我們對鼻後香氣重要性的了解，刻意咀嚼所產生的攪動應該會迫使芳香烴進入鼻後通道，為咀嚼者帶來更強烈的風味體驗。比起用舌頭將食物散布在口中的品嘗型，咀嚼帶來的鼻後刺激會讓用牙齒進行口腔處理的人覺得更美味。

在我們生命中的某個時刻，也許是在吃第一口半固體嬰兒食品的時候，就不知不覺地決定了如何將湯匙中的糊狀營養物質運送到胃裡。這個無意識的決定，可能會導致我們一生都體驗到水果味比較濃郁的冰淇淋！但話又說回來，甜點對我們來說有多甜或水果味多濃，咀嚼方式只是其中一個微小的影響因素。在冰淇淋出現在湯匙上之前，你的文化經驗和對冰淇淋的熟悉程度，就已經改變了冰淇淋入口的味道。

史賓斯接下來要讓我見識，文化和期望如何影響我們對風味的感知。這次史賓斯拿的不是芳香精油，而是一個塑膠擠瓶。他朝著我擠壓了幾下，噴出一陣香氣。

「你覺得怎麼樣，聞起來是甜的還是鹹的？」他問。他解釋說，根據個人背景不同，我有可能會將這種氣味與肉類菜餚聯想在一起，也有可能想到蛋糕或甜點等等。

「唔，好像是丁香？又好像不是。」我自言自語著。

「嗯，不是。」查爾斯同意道。

「有點木質調，像是……牙買加胡椒？」我充滿希望地看著他。

他沒有回應，而是又朝我的鼻子噴了幾下。

「還是肉荳蔻？」

「沒錯！」他說，「根據研究結果，依照你成長過程的飲食文化不同，這個味道可能是代表很甜的東西，也可能代表很鹹的東西，在北美洲尤其明顯。」

如果你很常喝加糖的南瓜香料拿鐵搭配肉荳蔻，或者常吃到灑上肉荳蔻跟細糖粉的脆皮水果餡餅，就會覺得比較像甜味。如果你比較常在享用鹹食的時候吃到肉荳蔻，例如做為奶油菠菜的香料或是香腸餡料的調味，就會覺得比較像鹹味。你也有可能對這味道很陌生。有項針對越南、法國和美國受試者所做的研究發現，美國和法國受試者對於肉荳蔻最重要的形容詞是「香料味」，其次是「自然氣味」。越南受試者的印象則大不相同，他們將這種氣味歸類為「霉味」或「植物味」。這組研究人員進行了另一項研究，發現法國和美國受試者都認出了肉荳蔻，並明確指出這種氣味是「肉荳蔻」，而越南受試者最有可能給這種香氣的分類是「塑膠味」。

像這樣對同一種氣味截然不同的反應，讓我想起了我的啤酒杯測師訓練有多難。在集中火力準備 Cicerone 考試的時期，我經常跟其他自稱啤酒痴的人聚會，品嘗各種經典啤酒的風味。我們每個人會帶一瓶啤酒倒給其他人喝，一起剖析樣品的風味。這是為了在不確定杯中到底是什麼啤酒的情況下，練習描述自己注意到的香氣，進而辨識經典的啤酒風味。例如，有香蕉香氣的十之八九是德式啤酒和比利時啤酒；濃郁的乾葡萄柚皮香氣，則代表典型的美式風格；味道像醋一樣酸的啤酒是法蘭德斯紅愛爾啤酒，像檸檬一樣酸的是戈瑟啤酒（Goses）或柏林風格的白啤酒。

某天晚上，我帶著一款加州一般型啤酒（California Common）參加小組學習會。加州一般型啤酒是一種狹義的美式啤酒，主要成分是北釀啤酒花和烤製琥珀麥芽。北釀啤酒花具有薄荷味、常綠植物味和木質味。輪到我帶的酒時，我靠在椅背上，聽學習小組的其他人拼湊出對啤酒花的描述。

「這些啤酒花有種木質調性，嗯，也許有某種糖煮的香草。」其中一位說。

「感覺非常、非常像藥味。」另一位說。我抬了抬眉毛，快速地嗅了嗅我的杯子，我不覺得有什麼藥味。

「你是說藥味嗎？還是薄荷味？」我試著提點。

結果不是，這種香氣讓我的英國夥伴想起了擦劑（liniment），我以前從沒聽過這個詞。經過一番詢問，我才明白擦劑就是肌肉鎮痛乳膏，就像 Icy Hot 止痛乳膏一樣。

小組學習會結束後，這段對話還一直縈繞在我的腦海裡。我應該要在某些啤酒花品種中聞出藥味嗎？我漏掉了什麼嗎？我打開急救箱快速聞了聞我的 Icy Hot（怎麼聞都是人工味和藥味），之後打開 Google 搜尋一番。結果發現，會讓英國人想到擦劑的除了薄荷之外，還有冬青（更具體地說是化合物水楊酸甲酯，也就是冬青油的香氣來源）。美國人通常會將冬青與薄荷糖、口香糖或麥根沙士等含糖食品聯繫在一起，而來自其他文化的人們，尤其是歐洲人，通常最早是透過擦劑或其他醫療用品接觸到這種香氣。上網研究的過程中，我在 YouTube 上找到一位精力充沛的英國網紅，他在一段品飲美國碳酸飲料並記錄反應的影片中喝了A＆W麥根沙士。他先稱讚罐裝冰茶「真的很好喝」，說櫻桃蘇打水太甜，接著打開了麥根沙士。結果，他一點也不喜歡。「這聞起來就像你小時候不小心受傷時，爸媽幫你清潔傷口用的TCP消毒藥水那一類的東西。喝起來簡直像止咳藥水，我不喜歡。」哦，這位網紅沒搞清楚是什麼讓他想起急救處理，還以為是因為鋁罐包裝上寫的「陳年香草」。那段影片讓我掉進了薄荷味的兔子洞，一鑽研便不可收拾。網路上有不少人對帶有冬青風味或香味之物強烈反彈。有位比賽犬訓練師買了某款給馬和狗用的非氣溶膠型毛髮潤絲精，對那股薄荷香非常不滿意，給了這款商品一星評價，因為「聞起來像更衣室的味道」，還指出這款潤絲精讓她整個房間都有一股擦劑味，她絕對不會把它用在狗兒身上。值得一提的是，其他評論者對這款潤絲精的「香味」給予高達四顆星的評分。

你的文化不僅會影響你對風味的解讀方式，還會決定你能不能接受某些風味。以羊羹為例，這是一種由凝膠狀甜豆沙製成的日本傳統甜點，日本饕客十分熟悉這道甜點融合的各種微妙風味，包括鮮味；正是這些味道構成了羊羹深具代表性的味道。日本產業技術綜合研究所的研究員進行了一項研究，讓德國和日本受試者食用羊羹。受試者先在正常情況下吃羊羹，然後科學家增加了受試者從羊羹中感受到的鼻後香氣。鼻後香氣量增加之後，日本受試者馬上就注意到鮮味增加了，而德國受試者雖然覺得風味變濃了，但沒有注意到是鮮味增加。始終沒有德國受試者能說出鮮味那種芳香開胃、高湯般鮮美的特質，更何況，來自德國的受試者當中只有百分之二的人能在鮮味最純粹的型態下辨識出這種味道。他們在啜飲麩胺酸鈉（又稱味精）溶液時，必須絞盡腦汁才能想出正確的單字來描述自己所品嘗的東西。有些人講出了很接近的「醬油」、「湯」和「肉味」等描述（都與鮮味相關），但絕大多數都說是「salzig」（鹹味），第二多的形容詞則是「eklig」（噁心）。

義大利受試者同樣表現不佳，只有百分之二的人想到鮮味這個詞；芬蘭受試者的辨識正確率倒是高達百分之十五，令人意外。（不過考慮到鮮味是五種基本口味之一，百分之十五的辨識率仍然算很低。如果受試者想不到用「甜」來描述一杯糖水，我們會認為大有問題……不是嗎？）母語中若有現成詞彙可以描述某種味道，可以幫助你從食物或餐點中辨識出那種味道，不過還是得要夠熟悉，才有辦法認得出來。

著名市場研究員霍華德．W．莫斯可維茲（Howard W. Moskowitz）早年曾進行一項研究，調查文化和階級對於口味偏好有什麼影響。他前往印度，接觸當地生活水平較高的學生，發現了典型的口味偏好：大家對糖來者不拒，鹽通常可接受，但太多就不好，苦味和酸味則普遍不受歡迎。他沒有像許多研究那樣，只用典型大學生樣本來為研究做結論，而是轉為調查印度社經階層較低的工人有什麼口味偏好。這些工人的飲食選擇較少，攝取的食物也比較便宜。其中有一種食材對他們的飲食習慣產生了巨大影響，那就是羅望子（tamarind，又稱酸豆）。羅望子的酸味介於杏桃跟檸檬之間，工人們除了會直接吸吮羅望子的汁液，也會放在扁豆湯等食物中調味，讓這些菜餚帶有特殊的香味。研究人員以逐步增加檸檬酸濃度的方式，請這些工人對酸味增加帶來的愉悅感評分，結果酸味越重，工人們的愉悅感評分越高，而且增加幅度始終不曾趨緩。對於這個族群來說，酸味不需要避免，反而是讓食物變美味的要素之一。

不管來自什麼背景，人都會認為熟悉的味道比陌生的味道來得好。無論是印度工人味道濃烈的羅望子點心，或是美國麥根沙士中的薄荷味，我們想吃的總是自己熟悉的零食。

美國人熟悉的飲食是地球上含糖量最高的飲食之一。洋芋片和三明治麵包等零食雖然被認為是偏鹹的食物，卻含有不少糖。這種高脂、高糖、高鹽的飲食（尤其是休閒食品）

文化傾向，是否與品味能力有關？

歐洲人後裔有多達百分之四十的人是味盲者，而亞洲人中只有百分之五是遺傳性的味盲者。在美國，估計有百分之三十的人是味盲者，只有百分之十五的美國男性屬於超級味覺者。如此一來，德國人在品嘗羊羹時講不出鮮味這個詞，就相當合理了。味盲者的舌頭感官能力絕對比超級味覺者來得低，也就難怪歐洲人偏好質地酥脆且需要牙齒咀嚼的零食。反過來說，在亞洲文化中成長的人比較喜歡只需要「少量處理」的食物，也就是入口後為半固體或質地柔軟可延展的食物，包括豆腐或是凝膠狀質地的東西，例如羊羹。羊羹這種甜點富有鮮味和甜味，無論質地還是風味，都能為口腔帶來豐富絕妙的享受。但對於敏感度較低的一般味覺者來說，這些巧妙之處並不足以勾起興趣或食慾。

二〇一九年的歲末送禮季，日本政府曾嘗試在美國推廣羊羹，結果凸顯出文化背景對於人是否喜歡細微風味影響有多強烈，對比又有多明顯。當時，日本政府與美國媒體和廚師合作籌辦了一場為期兩天的活動，希望發揚這道傳統甜點。為此，首度有十幾位羊羹師傅同時來到紐約市，帶來累積數千年的羊羹製作經驗，要讓對羊羹十分陌生的美國消費者認識這道手工膠質甜點。《Vogue》時尚雜誌也沒錯過這場盛會，在報導中表示這些日本甜點不僅是味覺饗宴，也是「一場視覺盛宴」。記者也向注重潮流的讀者強調，「大家一定會很高興得知，羊羹不含麩質，也不含乳製品」。

如果這種對視覺外觀和飲食適當性的強調，還不足以顯現出兩種文化欣賞的觀點差異，活動會場上就更為明顯了。在其中一張桌子上，一位傳承第十八代的羊羹師傅展示了他和他的家族幾世紀以來努力追求完美的成果，作品採用淡雅的大地色系，精緻無瑕。在這些整齊切片的美味羊羹當中，除了紅豆、寒天和糖這三種標準材料之外，有些還加入了精心挑選的日本食材。深棕色的加了黑糖（未精製的深色紅糖），鮮綠色的則是抹茶風味。這家製菓商旁邊的另一張桌子上，就是美國廚師們展示的自製版羊羹。那他們決定以什麼面貌向美國消費者介紹這種有著千年歷史、精緻而簡約的甜點呢？他們將羊羹裹上巧克力，在酥脆的爆藜麥花中滾動沾黏，最後插在竹籤上。不僅如此，當客人來到美國廚師的羊羹棒棒糖桌前時，還得回答廚師的問題：「您要粉紅色還是紫色的呢？」這些廚師必須為羊羹添加酥脆口感和繽紛色彩，一般的美國人才吃得出自己在吃什麼。

史賓斯做完個人品味能力評估後問道：「你現在會不會覺得，毫不了解對方的品味世界，就為每個人送上同樣的食物，其實是很奇怪的一件事情？」此時我們已經做了其他幾項小型的感官能力評估測驗。

看了各種證明我們之間差異的證據，你就會發現他說得沒錯。超級味覺者可能會希望自己要喝的尼格羅尼雞尾酒（Negroni）中，苦艾酒能比金巴利多一點，才不會嘗到太多苦味。在熱托迪調酒（Hot Toddy）中撒上肉荳蔻，可能會讓某些人喝了想到肉類主菜，而不是調酒師通常想呈現的甜味飲品。當然，還有一些聞不到β紫羅蘭酮的人，無法察覺加了紫羅蘭的鮮奶凍有什麼特別。服務生和調酒師常會在客人用餐前詢問：「有食物過敏或飲食限制嗎？」也許有一天，他們會開始問：「有沒有哪些香氣聞不到，或是特別喜歡哪些香料？」

即使服務生和廚師開始將個人的風味世界納入工作考量，或者至少開始思考每個人風味世界的差異，餐廳仍然會透過其他方式把某些味道強行提供給我們，那是不會出現在任何意見調查問卷上的。這些影響因素，有的是畫在餐廳牆壁上，有的是透過音響系統傳輸，最後會與餐盤上的食物融為一體。在下一章中，我們將探討餐廳本身的味道，以及那會如何改變我們對餐點的看法。

3 用餐空間的風味

我的腳被凹凸不平的鵝卵石絆到，差點在人行道上摔一跤，正好擋住一對夫妻的去路；他們的穿著優雅得體，牽著精心梳理過的狗，走在乾淨整潔（但還是凹凸不平！）的街道上。

「我懂，這裡的路有夠煩人，對吧？」那位太太笑著繞過努力站穩腳步的我。

此刻我在翠貝卡（Tribeca），曼哈頓的一個街區，數間紐約極受歡迎的酒吧和餐廳就位於這裡。這區大多數的餐廳都非常令人印象深刻：熨燙平整的白色桌布、閃閃發光的酒杯，以及裝飾用餐空間的大量鮮花。事實上，鮮花就是我來此的原因。前幾天，我跟花藝設計師艾米·艾森斯塔特（Amy Eisenstadt）有過一番對談，讓我的好奇心油然而生。艾森斯塔特十分專業，她為多家米其林餐廳、眾星雲集的活動以及豪華私人住宅設計花藝布置。因此，當她告訴我她對翠貝卡某家餐廳選擇的花感到「震驚」時，我不由得想親眼看

看，到底是什麼令人如此震驚。

「他們擺了兩組巨大的香水百合，」艾森斯塔特說，「我每次都覺得：『哇，**這味道有夠濃的！**』」

我本來是在探頭探腦，想從窗外看看餐廳裡面的花，結果差點絆了一跤。如果他們擺的花藝作品沒有很大，沒有大到從街上看過去都覺得很驚人，我就不打算進去花二十美元（還沒算上小費！）買一杯平凡無奇的雞尾酒了。但是那些花真的很大。即使隔著窗戶也能感覺到，那些百合與其說是花藝擺飾，看起來更像是氣宇非凡的雪花石膏雕像。沒多久，帶位的侍者安排我在百合附近的桌子坐下，這下子我可以清楚看到，每一朵花都有我的拳頭那麼大，香氣更是充滿存在感。百合花高高聳立在吧台座位上方，即使隔著幾張吧台椅，香氣仍然近身襲來，堂皇入侵我的私人領域。那是一股令人陶醉的甜味，混合著有點動物感的淡淡濕潤氣息（太濃郁了，濃到讓我分不清我的貝里尼雞尾酒是用傳統的水蜜桃還是其他帶核水果製成的）。

根據艾森斯塔特的說法，這種花香彷彿侵入私人領域的感覺，違反了她對餐廳花藝設計的兩大基本規則之一。「無論是什麼樣的地點，我真正需要考慮的只有兩件事，」她說，「一週過後，花會是什麼樣子？香氣對於餐廳來說會不會太濃？所以，小蒼蘭或百合都不能用，我不想讓花香與食物的氣味互相競爭。」艾森斯塔特思索了一會兒，想起在餐廳布置方面還有一個考量因素，尤其是在她設計市中心某家餐廳時特別明顯。「哦，我們還跟一些侍酒師有過小小爭執。他們會說花材不能伸出來這麼遠，因為他們必須走回櫥櫃去拿酒杯。但是不好意思喔，各位，就是這樣的線條感才好看！」

艾森斯塔特補充，餐廳未必需要巨大顯眼的華美花藝裝飾；有時候，讓花藝融入環境中也不錯。她說，花藝能為用餐空間增添生機盎然的氛圍，但不是非得要成為視覺焦點，也不應該吸引過多注意力。

在翠貝卡的這間餐廳，我覺得，雖然香水百合非常華麗大氣，但應該還有幾十種花卉可以產生相同的視覺衝擊，香味又不會濃烈到掩蓋雞尾酒的風味。

我開始研究有沒有什麼理由會使餐廳老闆想讓顧客在用餐時被花香團團包圍。剛開始，我只查到好幾個試圖讓香水百合（也稱為東方百合）不要產生任何香味的研究。有篇論文指出，消除東方百合的花香「可以讓無法忍受其氣味、但又想觀賞華麗花朵的人能夠接觸東方百合」。在深入研究香水百合本身的化學性質後，我發現它有四種主要的芳香族化合物：苯甲醇（benzyl alcohol），聞起來略帶甜味和花香，還有濕潤的後味；異丁香酚（isoeugenol），有丁香的香味；順式羅勒烯（cis-ocimene），具有甜羅勒的氣味；最後是芳樟醇（linalool，又稱沉香醇），一種具有鈴蘭和木質氣味的化合物，也是薰衣草花朵中的主要香氣成分。許多研究證實，薰衣草的氣味具有鎮靜作用。而且，由於薰衣草的放鬆功效十分強大，科學家正在測試如何用於治療焦慮。我讀過大量的相關研究之後，還發現有證據顯示薰衣草可以讓消費者在商店裡逛得更久，也能讓病患在令人緊張的牙科手術後感覺更愉快。最後，我終於找到我要的資訊：學者尼古拉・賈于庸（Nicolas Guéguen）和克莉絲汀・派特（Christine Petr）在二〇〇六年發表了一篇廣受引用的研究報告，指出薰衣草香氣可增加顧客在餐廳消費的金額，並延長顧客在餐廳停留的時間。就是這個！如果翠貝卡那家餐廳的經營團隊不是刻意將百合花放在我身邊讓我花更多錢，那大概就是為了緩解我看到帳單時的不安吧。（別忘了，一杯飲料就要二十美元！）

不過，無法在不受干擾的情況下享受雞尾酒果汁香氣所帶來的挫敗感，抵銷了花香可能具有的任何鎮靜作用。干擾的氣味，是明顯的感官觸發因素，會改變我們的品味體驗。那些坐在華麗花藝布置附近的人，每吃一口晚餐，都會夾帶一絲百合的氣味。正如第一章提到的，氣味不會影響我們品嘗到的味道；氣味本身就是我們品嘗到的味道。吧台後面若有一個臭氣四溢的垃圾桶，肯定會掩蓋聖杰曼雞尾酒（St. Germain）那細緻的接骨木花香味。還有，沒錯，約會對象身上那令人窒息的古龍水香味，會讓你的薄餅上頭充滿奶香的布拉塔起司嘗起來大打折扣（也可能連帶讓整個夜晚都大打折扣）。

我們從周圍聽到、看到和感覺到的事物，就像盤子裡的食物一樣，形塑著餐點的風味。反過來說，真正將食物放進嘴裡之前，我們在盤子上看到、聽到和感覺到的事物，也會影響我們嘗到的味道。冰淇淋店裡的壁紙，會讓你試吃的那口冰淇淋比最後在店外吃的甜筒感覺更甜一點嗎？（我要講答案囉：會，如果壁紙是粉紅色的更有效！）如果你在吵鬧的酒吧裡喝一杯非常昂貴的葡萄酒，你會注意到這杯酒與其他酒的細微差別嗎？（專家提示：如果可以的話，把好東西留到安靜的地方再享用吧。）

在本章中，我將深入探討我們吃喝時來自周圍的感官輸入，以及這些刺激如何影響我們，讓我們嘗到的味道變得更好或是更糟。首先，我們將觀察整個用餐空間，並持續縮小聚焦範圍，直到將注意力集中在叉子進入嘴巴之前的那一瞬間。

那些百合花的香味或許已在餐廳裡擴散開來，但還有一種無形的東西充斥著整個空間，從天花板上的鋼椽到光潔的木地板，無所不在——那就是音樂。試著回想一下，你上次在沒有任何環境噪音的情況下安靜吃飯是什麼時候？你可能要回想到大學期末考的一小時前，在圖書館裡偷吃的那個壓得爛爛的三明治。（至於我呢，那種時候我都是吃盒裝的鷹嘴豆泥和椒鹽蝴蝶餅，這款零食雖然無聊但很安全，因為蝴蝶餅不怎麼新鮮，可以避免我的咀嚼聲在書堆中迴響。）我們進食的同時也在聆聽，即使自己沒有意識到。

音樂對於我們的進食和品嘗能力，有一些相當直接的影響。實驗證明，節奏輕快的音樂可以增加用餐者每分鐘的咀嚼次數，也會讓他們花更多的錢。低沉的音調會令人聯想到苦味。大聲的噪音會減弱我們對鹹味和甜味的敏感度，不過我們會變得更加欣賞鮮味。即使在吵雜的環境中，我們也會注意到堅果或胡蘿蔔條在口中嘎吱作響的聲音。我們的耳朵和口腔之間有關聯，部分是因為在味覺系統中確實有所連結。鼓索神經是味覺訊號從味蕾傳達到大腦的途徑之一。這條神經從口腔穿過中耳，直到顱腔。如果耳膜因響亮的聲音或音調而振動，鼓索神經也會接收到刺激。科學家們還不確定這些振動對減弱或增強味覺訊號有什麼影響，但可以確定多少有所關聯。基於某種原因，若在晚餐時播放爵士樂，帶來的振動會讓用餐者得到更多愉悅感。嘻哈則會降低人從熟悉的食物中獲得的愉悅感——這件事情讓我印象深刻，因為曼哈頓金融區有一家叫做樹冠害羞（Crown Shy）的米其林餐廳，播放的就是九〇年代嘻哈音樂和新靈魂樂等節拍感強烈的音樂；不過，我光顧時也沒覺得用餐樂趣有半分減損。話又說回來，樹冠害羞的營運團隊並不打算用祖母的拿手菜勾起你的溫暖回憶。也許用餐背景是珍娜·傑克森和饒舌巨星Biggie的音樂，能讓廚師少擔負一些責任，因為這家餐廳的菜單上有「鯛魚、蘑菇泥、菊芋XO醬」和「Treccicne煙燻起司、鴨肉醬、蘑菇」等，這些食材組合充滿創意，絕大多數的客人根本想都沒想過，更談不上熟悉。

「音樂能創造出能量和情緒，」樹冠害羞餐廳的總經理兼合夥人傑夫·卡茲（Jeff Katz）說，「我們打造這樣的用餐環境，是想讓用餐氣氛熱絡有趣，而你品嘗到的餐點和體驗到的服務，又比這個環境帶給你的預期更精緻周到。」卡茲希望樹冠害羞餐廳的一切都完美協調，從用餐環境的簡約美感，到合作主廚詹姆斯・肯特（James Kent）在廚房裡精心烹製的餐點。

「我們的食物向來好看又好吃。」

但卡茲並不希望樹冠害羞給人一種「美食殿堂」的感覺。他說，有些餐廳感覺好像客人是被邀請到食物祭壇來祈禱的。談起餐廳裡的聲音和音樂，卡茲不認為那與盤子上的食物有什麼關係。「我不確定聲音跟食物的味道有沒有關係，我是認為沒有。我想對客人比較有影響的，應該是空間給人的感覺。」他補充，「我們希望客人在這裡能感覺放鬆，度過愉快的時光，沒有一定要做什麼事的拘束感。」

所有關於聽覺與味覺關聯的研究結果當中，最不令人意外的一點就是：當我們喜歡背景環境的聲音時，也會更喜歡吃到的東西。德勒斯登大學醫學院嗅覺與味覺部發表的某篇論文就在結論中指出：「受試者越喜歡前面聽到的聲音，對於後面聞到的氣味就越感到愉悅。」（如果你想知道那個尖聲哭喊的嬰兒是否真的毀了你的晚餐……抱歉，親愛的，經驗顯示，嬰兒的哭叫聲確實會減少好聞氣味帶給人的愉悅感。）

真正重視顧客感受的餐廳老闆，會僱用像喬・達林（Joe Darling）這樣的人來為用餐空間規劃歌單，讓用餐者每一口都感到越吃越美味。過去十幾年來，達林與「非罐頭音樂」（Uncanned Music）團隊的其他成員致力於為餐廳和酒吧創造美好的聽覺體驗。談起他們為美國多間酒吧和餐廳設計的聲音地景（soundscape）時，達林表示：「我們的最終目的是讓客人放下防備。」他認為應該要讓顧客感到舒適自在，而適當的音樂和音量可以在不知不覺中鼓勵顧客放鬆及互相交流。

「歌單有個黃金比例，」達林告訴我，「先播放一首大家耳熟能詳的歌曲，然後再播放幾首人們不熟悉但悅耳動聽的歌曲。」這種平衡可以讓顧客注意到音樂很好聽，卻不會占據過多注意力。「每家餐廳的選曲比例似乎都略有不同。」

安．金（Ann Kim）經營的英喬尼（Young Joni）餐廳位於明尼亞波利斯，料理偏向融合風格，供應披薩、肉類，以及各種用燃木爐和烤肉架烹煮的菜餚，配上非罐頭音樂團隊編排的歌單。這張歌單的目標，是營造出歡快、舒適、經典但又不會馬上覺得耳熟的聲音地景。其中一份播放清單混合了七〇年代的搖滾樂和民謠，可能會讓人想起金主廚父母珍藏的八軌道錄音帶曲目。芝加哥一家古巴風格的雞尾酒酒館「麻雀」（Sparrow），打造出有如「一九三〇年代豪華飯店大廳」的氛圍，在混合爵士樂和非洲加勒比音樂的樂曲中，為客人送上蘭姆酒調酒。音樂與菜單似乎相互呼應，但又只是隱約相關。餐廳沒有播放聽起來有如水果蘭姆酒化身的音樂，而是透過這種方式塑造出食材來源地的氛圍。

不過，其實真的有音樂**聽起來**像水果蘭姆酒。

就以《告示牌》（Billboard）音樂流行榜排名第一的歌曲為例吧。如果我讓你根據從柔軟到粗硬的程度來為這首歌曲評分，一分代表柔軟，七分代表粗硬，你應該給得出分數，沒錯吧？悠長的音符會讓人覺得舒適柔滑，而快速的斷奏節拍則讓人感覺崎嶇尖利。好，現在請根據從香蕉到檸檬的相似程度為這首歌曲評分。這顯然困難多了，但還是做得到。事實上，有研究人員請六十六名受試者做了這件事情。研究人員選出四首歌，分別具有「甜」（音符持續時間較長、音調和諧且音量較小）和「酸」（音調較高、不和諧音較多，也就是不同頻率的音調以不和諧的方式合奏）的性質，並請受試者評分。結果不意外，「甜味」歌曲相似程度得分最高項目的是香蕉、巧克力和蛋白霜，「酸味」歌曲則被受試者評為更像是檸檬、裸麥餅乾和越橘。你可以造訪 howtotastebook.com/sweet-sour，看看你的耳朵能不能「品嘗」出這些歌曲的味道。

無需刻意思考，我們的感官就會主動集中起來，確認「周遭氛圍甜不甜」。除了這項發現之外，研究人員還設法證明了我們可以明確分辨一首曲子是什麼味道。研究人員將帶有酸味及甜味的果汁和蜂蜜交給受試者，要求對方調製飲料。聽著酸味音樂的受試者調製出來的飲料明顯比較酸，大多含有葡萄柚和檸檬汁等成分；聆聽甜美音樂的受試者則往往會用蜂蜜來調製飲品。當你決定來杯充滿熱帶風情的 Tiki 雞尾酒時，是因為你真的喜歡蘭姆酒，還是因為歌單告訴你該來嘗點酸甜濃郁的水果風味？

樹冠害羞的門廳對面，是我最喜歡的一間咖啡店，那裡的音樂跟嘻哈音樂大相逕庭。

黑狐（Black Fox）的氣氛有點文青，雅致但低調。地板上的黑白磁磚以棱角相接，構成乾淨俐落的拼接線條。牆邊有一根方正大柱，從上到下全漆成深灰藍色；正對的牆面也是同樣色調，上面掛著木製菜單。檯面是流行的深色木材，廚房設備配置也算單純。備餐檯的正中央是一台看起來功能很強大的濃縮咖啡機。這家咖啡店不提供 Wi-Fi，希望客人專心聊天及品嘗咖啡。但他們不知道，Wi-Fi 是生產力的敵人，這就是為什麼我這本書有一半的內容是在黑狐咖啡完成的。我不知道該不該說黑狐是我家附近的咖啡店，雖然黑狐跟我住的公寓只隔四個街區，但畢竟這裡是紐約市，比黑狐離我家更近的咖啡店就有四間。是什麼讓我願意多走一、兩個街區？根據研究，可能是蘊含在室內設計中的巧思。

人類的各種感官會共同運作，讓我們對周圍環境產生清晰的認知。我們會無意識地接受聽覺或視覺的提示，並跟味覺或嗅覺感受結合，這稱為跨感官對應（crossmodal correspondence）。正是這種現象，讓酸味成分與尖銳高頻的音樂之間產生連結，這也是為什麼我們會覺得裝潢採用紅色調的咖啡店提供的咖啡比較甜，綠色調裝潢的咖啡店提供的咖啡則比較苦、比較酸。對於大多數食物來說，與苦味和酸味有關聯是負面的事情。不過實際上，這些滋味為咖啡帶來獨特的風味和層次。在某項研究中，受試者預測採用綠色系裝潢的咖啡店提供的咖啡會更苦、更酸，也更美味。不過，這些受試者偏好的不只是杯中的咖啡，他們還表示自己最有可能光顧深色配色和綠色系裝潢的咖啡店。說到這裡，大家一定很想知道某家使用深綠色商標的跨國連鎖咖啡店是否在這項研究發表前就已經有類似的發現。根據味道與顏色的跨感官對應研究顯示，一般來說，人們大多會將紅色系與甜味聯想在一起，白色和藍色會讓人想到鹹味，黃色和綠色則會讓人想到檸檬跟萊姆，呃，我是說酸味。而咖啡的顏色，也就是黑色和棕色，會讓人聯想到苦味。

在有人開始研究跨感官對應之前，關於顏色從商店牆面躍上味蕾的這種現象，有另一個專有名詞，叫做感覺轉移（sensation transference）。這個專有名詞由研究員兼行銷創新者路易斯．契斯金（Louis Cheskin）在一九四〇年代所創，當時的他正在努力拓展7UP檸檬汽水和人造奶油等食品的銷路。對於這兩種產品，契斯金採取同一種方法來提升銷量，那就是使用黃色。第二次世界大戰期間，由於乳製品稀缺，奶油價格居高不下。人造奶油是更便宜且容易取得的替代品。然而，許多家庭主婦不願使用人造奶油。契斯金發覺，引起反感的不是人造奶油的味道，而是那令人胃口盡失的灰白色外觀。一旦把人造奶油染成像奶油一樣的黃色，就好賣許多了。為了證實這件事，契斯金舉辦一場午宴，席間為客人提供白色的奶油和黃色的人造奶油。客人們都表示，白色的抹醬（真正的奶油）吃起來「油油膩膩」，不過黃色抹醬（人造奶油）相當好吃。對於軟性飲料，黃色的作用不太相同，但仍有相當大的影響。這次，契斯金只是調整了外包裝，沒有改變罐內液體的顏色。他為罐身增加了百分之十五的黃色，消費者就表示在飲料中品嘗到更多的檸檬柑橘味。

杯子本身的重量，是品飲杯中液體時會接收到的另一種感官知覺。同樣的道理也適用於沉甸甸的叉子和叉子上的食物。用較重的盤子盛裝，往往會讓人覺得食物品質比較好。說到這裡就該提一下，我在黑狐咖啡喝的拿鐵是用厚重的藍灰色杯子裝著，搭配同款的厚實杯碟。就連外帶杯也是由堅固平滑的硬紙製成的，這對店家來說是好選擇，因為有許多研究顯示過薄的杯子會讓飲用者對飲品的評價下降。

黑狐店內的灰藍色牆壁可能會給我一種平靜、偏鹹的氛圍，他們的杯盤則讓我相信自己喝到的是品質很好的咖啡。在我啜飲第一口之前，這些感受就已經轉移到我點的香草椰棗拿鐵加自製堅果奶上面了。也說不定是那些別致時尚的工業風燈具散發出的溫暖黃光，影響了我對這杯精美拿鐵的評價。有多項研究在實驗中測試環境照明對飲食習慣有何影響，結果發現藍光和紅光會抑制食慾，而白光和大多數黃色燈光會增加食慾。這些實驗在多種食物上都得到同樣的結果，包括藍莓蛋糕、蘋果、糖果、石鍋拌飯、甜椒和生菜沙拉。

所以，在工作中想享用點心的話，請遠離電腦螢幕的藍光。這樣不但能讓眼睛休息，也會讓食物的風味更好。要是能去有暖色光源的地方享用，那就更好了，你的蘋果會吃起來更美味一點喔。

除了燈光之外，辦公室的溫度也可能會影響你想吃什麼點心。如果溫度有點熱，你可能會選擇吃冰涼爽脆的蘋果。但若感覺有點冷，你比較可能會去樓下咖啡店買新鮮出爐的酥皮糕點或培根雞蛋起司三明治。當我們感到寒冷時，會更難抗拒不良行為。研究人員發現，這種效應適用於各種事物，從多喝一杯葡萄酒、吃下過多甜點，再到賴床睡過頭，無一例外。寒冷的環境雖然未必會影響我們的口味，但確實左右著我們的欲念。具體來說，環境溫度只要有幾度的變化，就會影響我們對於鮮味食物的渴望。食品雜貨店裡如果開著很強的冷氣，可能會驅使你去逛肉品分切區。在溫暖的自助式餐廳裡，你通常不會往拉麵區走。我們認為鹹食比水果、蔬菜和糖果等食物更溫暖，即使事實未必如此。

下次舉辦晚宴時，記得把中央空調的溫度調得比平常低幾度，並提供牛排或嫩煎牛肋排，客人絕對會覺得肉汁美味無比，不過你得多準備一些份量，因為會有人不小心吃得比預期的多一點。還有，如果去參加餐會時不打算喝太多酒，記得帶條圍巾或穿上毛衣，讓身體保持溫暖。

咖啡店內的室溫會左右你點的是一杯甜膩的拿鐵，還是健康的綠茶，不過杯內飲品的溫度也會影響你對這個選擇的滿意程度。阿肯色大學感官科學副教授徐漢錫（Han-Seok Seo，音譯）鑽研感官線索對於食物認知和接受度的影響，並發表過大量研究成果。他在一項針對咖啡飲用溫度的研究中發現，相較於攝氏二十五度或攝氏五度的咖啡，攝氏六十五度的咖啡更受青睞，飲用時帶來的正面情緒也較多。受試者表示，與其他溫度的咖啡相比，熱咖啡讓他們感覺到「愉快」、「平靜」、「滿足」，還有（可想而知的）「溫暖」。值得一提的是，冰咖啡讓受試者覺得「討厭」，喝起來「有金屬味」。

攝氏六十五度這個溫度，正巧是個不多不少剛剛好的最佳溫度。口腔對於液體的疼痛閾值約為攝氏六十七度，受試者表示這個溫度的咖啡太燙，難以入口；但攝氏六十五度只比會帶來實際疼痛的六十七度稍微低了一點點。

為什麼我們喜歡喝幾乎要燙到舌頭的飲料？其中一個原因是，無論固體還是液體，在高溫下都會釋放出更多的揮發性香氣。加熱會增加內部分子的能量，使分子移動得更快，最終脫離食物或飲料，並變得具有揮發性。品嘗咖啡時，這些揮發性分子遍布在咖啡表面，人嗅聞時就將這些分子吸入鼻腔，然後──轟！──一頭撞進充滿黏液的嗅覺上皮。

當咖啡溫度升高時，我們確實會聞到更多味道；但除此之外，其實隨著溫度的變化，味覺系統識別五種基本味道的能力也會有所不同。品嘗溫度從攝氏十五度升高到接近我們自然體溫的攝氏三十五度左右時，味覺系統對於甜味、苦味和鮮味的敏感度也會逐步升高。當進入口腔的咖啡（或我們品嘗的任何東西）接近舌頭本身的溫度時，舌頭上受體的敏感度會處於巔峰。若將溫度提高到接近體溫（約攝氏三十七度），我們對風味的敏感度就開始降低。關於溫度對於苦味的這種影響，有項研究提出假設：對於超過攝氏三十五度的食物，苦味敏感度之所以會降低，是因為在自然界中我們吃的東西基本上溫度不會那麼高，所以人類不需要用味覺來偵測高溫食物的苦味。如我們在第一章談到的，苦味敏感度的存在，完全是為了識別食物是否有毒。如果我們吃的東西溫度超過攝氏三十七度，那通常是因為我們刻意烹煮或加熱的關係。研究人員表示：「熱食是我們自己去加熱的，所以沒有環境因素的風險。」熱咖啡唯一的風險是燙傷舌頭，我們願意冒這個風險，是因為在這個溫度下，咖啡的苦味幾乎難以察覺，而且充滿揮發性化合物的香氣。以我在黑狐咖啡喝的六十度左右的咖啡為例，根據收銀台上張貼的品飲筆記，這些揮發性化合物聞起來像蜂蜜、蘋果和尾韻綿長的咖啡。

在發現苦味與溫度之間的關係後，我想到喝冰咖啡的人。溫度對他們所喝的飲品有什麼影響呢？當味道分子冷卻時，幾乎每種風味和香氣都變得很難感覺到。低溫時，揮發性香氣化合物的揮發速度很慢，幾乎不太移動，也因此不容易接觸到我們的感覺傳遞路徑。若你嘗過才剛從冰箱拿出來的冰淇淋，吃起來是不是好像沒什麼味道……就只是很冰？吃到融化的冰淇淋時，是不是覺得甜到很膩口？當食物或飲品的溫度比我們的體溫高得多時，我們對風味的敏感度會降低；同樣地，若在遠低於體溫的溫度下，我們也很難感知到某些基本的味道。以結凍的冰淇淋來說，我們的舌頭會加溫讓冰淇淋融化，我們品嘗到的甜味和附帶的風味，都是來自那一小部分融化的冰淇淋。（另一個本日新知：吃冰淇淋甜筒時，用舔的比用湯匙挖著吃能感覺到更多風味。至於如此不顧吃相值不值得，就由你自己決定了。）而以冰咖啡來說，只有當流過舌頭時有機會受熱的咖啡，嘗起來才會有苦味。其實，攝氏一度左右的冰咖啡跟受熱之後相比，味道並不一樣。你可以將冰咖啡含在嘴裡直到變熱，就會感受到意外的苦澀。

就是因為溫度與味道之間的這層關係，Coors Light 酷爾斯淡啤酒才會標榜「像洛磯山脈一樣沁涼」（as cold as the Rockies [譯註]）。在大約攝氏四度時，這款美式拉格淡啤酒喝起來冰涼順口，啤酒花天然的苦味只有在啤酒溫度達到攝氏十五度左右時才會明顯起來，酷爾斯酒廠希望此時你已經在喝下一杯了。

如果空間牆面和裝飾的顏色可以巧妙地改變餐點的味道，那麼食物本身的色素會改變我們感知到的風味，也就不足為奇了。某項研究以無味的食用色素將香草優格染成粉紅色，結果就有超過八成的受試者表示嘗到了草莓味。純白的米飯染成綠色之後，受試者吃到了不存在的菠菜味。染成橘色的米飯，則讓人的腦海中浮現出番茄的香氣。我自製的草莓冰沙，草莓味總是不夠重，但是比起多放一些草莓，加入一兩滴食用色素更能增添我想要的水果風味（前提是由別人添加；一旦我們自己知道顏色有調整過，效果就會減弱）。在你開始猶豫要不要將食用色素放到香料櫃中的奧勒岡葉旁邊之前，要知道，專業廚師也會使用這個技巧。作家比爾・布福德（Bill Buford）在《泥土：一名受訓廚師、人父

譯註　這款啤酒包裝上的白色雪山圖片會在冰鎮至最適飲用的溫度時變成藍色。

兼偵探在里昂的法式料理蒐祕冒險之旅》（*Dirt: Adventures in Lyon as a Chef in Training, Father, and Sleuth Looking for the Secret of French Cooking*）一書中，講述了自己在法國餐廳廚房裡的見聞，他發現一線大廚也會為菜單上的許多料理「加料」，尤其是將食用色素加入紅酒醬（深紫色）、羅勒油（讓綠色顯得更鮮嫩），以及普羅旺斯燉菜（讓昂貴的藏紅花應該帶來的鮮紅色變得更鮮豔）。發現這件事情之後，布福德直接去找主廚，詢問對方是不是使用人工色素來增加風味。主廚對於是否該向常駐在他廚房的記者透露自己的技巧思考了一番，然後回答說：「沒有，我是用了甜菜根汁，但沒有用食用色素。」後來，名廚丹尼爾・布魯德（Daniel Boulud）經營的餐廳也傳出，備料餐檯上製作的蛋黃醬義大利麵中添加了一點加深黃色的人工色素。

布福德的發現讓我感到驚訝，但我並不會對廚師們感到失望。（不過現在我大概知道為什麼自己做的蒔蘿醬永遠無法像愛店做的那樣，呈現令人讚嘆的祖母綠。）我們的感官已經習慣了手機影片的明亮光線與飽和色調，相比之下，自然色就讓人不夠滿意。我從來沒有聽過糕點師傅因為香蕉口味的甜點呈現黃色而受到譴責（香蕉這種黏黏白白的水果顯然不會呈現黃色），那麼製作鹹食的廚師為何不能透過加深顏色來輕鬆增添食物的風味呢？

在那趟法式料理冒險之旅中，布福德還學了如何運用法式擺盤的三大原則來設計菜餚，分別是顏色（盤子上的視覺對比）、體積（食物如何盛裝及堆疊在盤內），以及質地

（具體來說，應該要有多種質地搭配）。這些原則中，明顯少了某個我們通常認為與視覺美感有關的概念：平衡感呢？平衡，一般來說，對於我們脆弱的大腦而言是令人愉悅的。我們在感覺平衡的空間裡會感到舒適；具有平衡感的藝術品會讓我們感到放鬆；對於五官對稱的臉孔，我們盯著看的時間會比不對稱的臉孔更久。蒙特克萊爾州立大學的黛博拉·賽爾納（Debra Zellner）和她的團隊進行了兩項雙向研究，結果顯示，我們對食物呈現方式的感受並不符合這些常規。她發現盤內物品的視覺平衡度，並不影響我們是否喜歡這道菜餚，或是有沒有勾起我們的食欲。說起來，高級餐廳長期以來慣於沿著盤子某側的邊緣曲線，將菜餚擺成半圓形。要是用餐者不欣賞這種擺盤方式，如此不勻稱的展示方式就不會一直延續下來。而且實際上，這些跟對稱沾不上邊的餐點，經常被拍照放上社群媒體的動態消息，作為用餐者既優雅又時尚的佐證。

賽爾納與共同作者在論文中表示，對用餐者來說，讓菜餚顯得誘人或美味的並不是擺盤的平衡感，而是整齊感。因為太重要，她甚至將這篇論文命名為〈整齊之必要〉（Neatness Counts）。食材刻意擺放的方式是一種視覺暗示，意在吸引我們。精心製作的菜餚，搭配巧妙配置、以醬汁畫成的完美圓點和其他配料，能讓我們心生期待，準備大快朵頤，儘管這種食用方式往往並不實際。

這些醬汁圓點的圓潤形狀本身，就是風味的暗示。你有沒有注意過，大多數甜點都是做成圓形？甜甜圈、杯子蛋糕、蛋糕、餅乾、派、圓環蛋糕、棒棒糖——有很多讓我們垂涎三尺的甜品都是圓形的，即使不見得有必要做成圓形。雖然也有方形的蛋糕烤盤、有稜角的餅乾切模和金字塔形狀的果凍模具，但是實際使用的情況並不多見。這是因為稜角的形狀會讓人聯想到酸味、鹹味和苦味，而不是我們在甜點桌上想嘗到的味道。一抹之字形的黃色醬汁，會讓人在嘗到之前就想到濃郁風味和酸味。而若真的是這種酸甜濃烈的味道，之字形的醬汁會比圓形的醬汁嘗起來更酸。除了食物或醬汁的尖銳形狀會讓人聯想到強烈的味道，盤子的形狀也有影響。

至於圓形，你或許已經猜到了，對於大腦來說就是暗示我們即將吃到甜味的東西。比起有邊角或有稜角的巧克力，我們會認為圓形的巧克力比較不苦，也會預期圓形巧克力味道比較甜、比較滑順。或許正因為我們偏好有奶油、偏甜的婚禮蛋糕，所以大多數婚禮蛋糕都是圓形的。偶爾，也會看到有稜有角的婚禮蛋糕，比方說有兩個令人難忘的例子，一個是金・卡戴珊（Kim Kardashian）和克里斯・漢弗萊斯（Kris Humphries）婚禮上高達一百八十公分的八角形巨大蛋糕；另一個是戴安娜王妃和查爾斯王子在一九八一年婚禮上切的那個超過一百公斤的多角形蛋糕。嗯，也許稜角多的婚禮蛋糕，真的會讓人嘗到酸而苦澀的餘味。

餐廳的牆面、室內的溫度，當然還有食物本身的顏色和擺盤，這些全都是感官線索，結合之下，在你還沒拿起叉子（希望是支手感很沉的叉子！）將食物送進嘴裡之前，就影響了食物的滋味。在這個冬日傍晚，我來到藍山石倉（Blue Hill at Stone Barns）用餐，就注意到種種環境因素共同影響了這頓晚餐。這間米其林二星餐廳位於曼哈頓中城以北約五十公里，有很多我期待品嘗的東西。主廚丹・巴柏（Dan Barber）在業界頗有名氣，他主張從農法著手，為農場生產的蔬菜和動物增添更多風味。他認為只要從種植或養殖時就開始讓最終需要的風味融入食材本身，到了廚房裡就不需要太多調味，因為食材已經近乎完美。我聽說有專為這間餐廳研發的新品種夏南瓜，還有用單一乳牛產出的乳品特別製作的奶油。我迫不及待想品嘗看看所有藍山廚房端出的食物，特別是**胡蘿蔔**。串流媒體影集《主廚的餐桌》（*Chef's Table*）的其中一集，介紹了一道盤中只有一根胡蘿蔔的菜餚。那抹橘色在螢幕上一晃而過，同時間，前《紐約時報》（*New York Times*）餐廳評論家露絲・雷克爾（Ruth Reichl）滔滔不絕地談著主廚巴柏和他的蔬菜：「你在這裡吃到的豌豆和蘿蔔，就是比你以前吃過的更加美味。」接著她說出了啟發我來此一趟的那句話：「這裡的胡蘿蔔吃起來，保有胡蘿蔔純粹的本質。」她形容巴柏的餐廳所供應的蔬菜能讓人吃到蔬菜本身的精華，就像超凡完美的標本，能掌握並突顯出蔬菜最理想的狀態。

你可以選擇相信這裡的胡蘿蔔確實品質非凡，相信是這裡的土壤環境和農場的悉心照料，使得藍山石倉的胡蘿蔔滋味遠勝於食品雜貨店裡的胡蘿蔔。但若我們把藍山石倉的所有特質放在一起檢視，或許就會對這根胡蘿蔔之所以能保有純粹本質有不同的解釋。

要說清楚的是，我去藍山石倉的原因，不光只是想吃吃看胡蘿蔔。這天是我的生日，也是結婚週年紀念日，在開放預約的那一天，我熬到半夜十二點，就為了能預約到晚上七點這個最理想的時段。這些安排，讓我在天氣晴朗、陽光明亮的時刻，來到餐廳所在的開闊農場。在走向餐廳的大木門之前，我在園區裡散步，看到裝滿乾草的豬舍裡養的豬隻，還有隔壁溫室裡一排排微型菜苗。當我坐上餐廳酒吧的舒適皮椅時，我已經深受吸引，此時距離預約的晚餐還有二十分鐘。

我放下喝完的餐前酒酒杯後，就有人引領我走進長形的用餐區，上方是由鋼樑支撐的拱形天花板，這個空間本來可能會給人又大又空洞的感覺，但是中央的大長桌上裝飾著我稍早在農場裡看到的植物，成功將戶外風情帶入室內。交纏的樹枝、乾燥葉材和花朵向上方的橫樑延伸，填補了空間，給人優雅而簡樸的印象。我們走過鋪著白色亞麻布的桌子，來到角落的卡座。當時我想著：**啊，這是一張好桌子。**（當然，這點會讓食物更美味！）

接著晚餐上桌，共有十二道料理，包括各種新鮮採摘的蔬菜、農場飼養的動物製成的醃肉，以及結合兩者的小點。每一小口都令人回味再三，尤其是因為我隔著窗戶就能看到那片剛剛採摘下食材的土地。這座生機盎然的農場，此刻在夕陽照射下呈現出殷紅與嫣紅色。

終於，**那個擺到我面前了**。是明亮的橘色，幾乎有點螢光色，蒂頭上還帶著莖葉。它以刻意的曲線擺放在盤子上，我覺得看起來就像幼兒的認知圖卡，是個標準的胡蘿蔔樣。這胡蘿蔔很明顯是純粹的胡蘿蔔；你一眼就能看出沒有加過任何調味料，沒有淋上任何醬汁，就只是盤子上的一根胡蘿蔔。盤子是對比鮮明的米白色，經過霧面處理，不會反射光線。上方沒有燈泡直接打光下來，也沒有半點胡蘿蔔的橘色反光，就好像這根胡蘿蔔吸收了周圍所有的光線，像兀自聳立的燈塔那樣在你面前發光。它將一切涵蓋於內，猶如一則銘印的訊息：**我是胡蘿蔔**。這是一根美味的胡蘿蔔。我閉上眼睛，希望吸收胡蘿蔔純粹的本質，想從中感受我有生以來嘗過最純粹的胡蘿蔔風味。在餐廳高聳的天花板下，坐在舒適的灰色卡座裡，我閉上眼睛，腦海中閃過一個想法：**如果我是坐在公司食堂裡，用一碗鷹嘴豆泥配上一堆像這樣的胡蘿蔔，感覺會不一樣嗎**？我睜開眼睛，希望能嘗到胡蘿蔔純粹的本質。第二次品嘗這兩口就能吃完的小巧蔬菜時，我睜大眼睛，看著餐廳空間，望著周圍充滿田園風情的農場，想著我來此慶祝的特殊節日。啊，我真喜歡這個胡蘿蔔。

PART TWO

如何品味

4 品味之道

班．沃德（Ben Wald）旋風般地經過我身邊，在桌子另一邊坐下。「我遲到了，抱歉，我們正在重新設計雞尾酒酒單，真的有夠忙。」當時，他在紐約市的 YUCO 餐廳負責飲料部門，YUCO 融合了法式料理的技巧與猶加敦州的食材，但沃德稱之為「龍舌蘭酒吧」。他每天的工作，都繞著龍舌蘭酒和梅茲卡爾酒（mezcal）打轉，包括調酒、清點庫存、推薦酒品及建議搭配。我們見面的那晚，他在快速傳完幾則訊息之後就先把工作丟在一邊，因為我們要討論的事情跟龍舌蘭沒有任何關係。

「你知道女性是超級味覺者的機率比較高，這是經過科學實證的。」在我們試圖與服務生對上眼時，他這麼說，「有越來越多女性成為酒廠的首席調酒師，你知道嗎，威士忌的品質變得越來越好。」

沃德是世界頂尖威士忌品酒師大賽（World's Top Whiskey Taster competition）的決賽入

圍者，決賽地點在位於肯塔基州的巴茲敦波本公司（Bardstown Bourbon Company），時間是三天後，以他慣用的講法來說是「七十二小時後。」我問他做了什麼特殊準備，「為了比賽嗎？沒有耶，什麼都沒做！」他風趣地說。

然而沒多久我就發現，他一離開這家酒吧，其他威士忌愛好者就開始盲品他選的一系列威士忌。而他已經進行了至少六次調酒練習，混合並品嘗他創造的酒品。當他週五抵達肯塔基州時，還有一位酒吧老闆來接他。

「在飲食方面，我當然不會吃辛辣的食物，也不會吃太燙的東西，不過也就這樣，」他說，「喔，如果你是要問咖啡的話，我不會放棄喝咖啡的。」

我很好奇沃德是否才剛喝過咖啡，還是說品飲這件事就能讓他精神飽滿。

根據世界頂尖威士忌品酒師大賽的規定，參賽者必須在盲品測試中辨識出不同的威士忌。雖然這個活動本身沒有頒發認證，但某些地方會讓人想起取得侍酒大師認證所需通過的嚴格測試。為了達到應有的葡萄酒專業知識程度，並打進令人尊敬的侍酒大師圈，你必須通過為期數天的繁重考試，包括葡萄酒理論和侍酒實務，當然，還有廣為人知且受到過度美化的盲品考試——或者正如一位侍酒大師候選人所說的，挑戰「決定我能否再次參加品酒測驗的那六個玻璃杯」。侍酒大師測驗已成為多部紀錄片的主題，並啟發了數十種類似的認證：蜂蜜大師（honey sommelier）、橄欖油大師（olive oil sommelier）、芥末醬大師

（mustard sommelier），還有個更巧妙的頭銜：蘋果酒侍酒師，英文是pommelier，以法文pomme（蘋果）和sommelier（侍酒師）結合而成。不過，取得這些頭銜的標準並不像侍酒師規定得那麼明確，也不是每種食品的品評群體都選用有侍酒師之意的sommelier作為認證專家的頭銜。起司師可以成為認證起司專家（Certified Cheese Professional），波本威士忌專家可以爭取波本守護者（Bourbon Steward）頭銜，咖啡專家可以嘗試取得Q Grader咖啡品質鑑定師的資格，啤酒釀酒師都渴望拿到Cicerone高級認證，而巧克力師傅和可可師傅則有望成為巧克力認證品鑑師（Certified Chocolate Taster）。

你可能會以為，每種品鑑師都各有品評之道，而且是唯有熟知那種食品或試圖掌握箇中奧妙的人，才能諳熟的神祕門道。其實並非如此。事實上，無論是起司、橄欖油、巧克力還是雪利酒，品評者的品鑑方式都差不多。而且，除了裝有品鑑之物的容器以外，大多數專業品評者在運用感官能力品味時，看起來幾乎都是一個樣。

「聽著，一旦你懂得品味，就可以品評任何東西，」沃德一邊看著吧台後面的酒品，一邊這樣告訴我。今晚，我們將一起做威士忌品鑑練習。就是這樣的慣例，讓他通過了威士忌品酒師大賽的資格賽和地區賽，現在對他來說已經成為一種後天的本能。這個過程不需要花俏或華麗；沃德和我即使在客人滿座的漢堡店，也可以像在這間飯店大廳的酒吧一樣輕鬆進行品味練習。咖啡店裡坐在你隔壁位子的人，也可以做這樣的練習而絲毫不會影響到你的對話。事實上，也可以一邊談話一邊進行快速而徹底的品嘗，只是有點沒必要罷了。就只要一分鐘，暫停對話，一起品味，不是比較好嗎？

現在該來提醒大家，這就是本章的前提；而且其實是這整本書的前提。用生命中的幾秒鐘，沉浸在感官世界做最短暫的冥想，就足以培養品味技巧和品味鑑賞力。接下來，我會分享我的品味方法，共有七個步驟。這種方法是經過多年的感官訓練而形成的，包括在正式課堂上學習的資歷，還有與像沃德這樣的專家一起隨性品味的經驗。根據我最近一次的統計，我為這本書進行了一百一十四次訪談。而在此之前，我花了近十年的時間參加規模和費用各異的眾多品酒課程，並且無數次練習、測試及傳授這套方法的微調版本。形塑這套方法的，包括我在德國弗萊辛（Freising）、紐約市西村（West Village）、法國漢斯（Reims）等地接受的品飲指導，以及與日本、澳洲和加拿大專家的線上訪談。無論是在起司地窖、離島葡萄園、啤酒花田還是都市釀酒廠中，基本步驟都是一樣的。

我將這些步驟分別命名為準備（環境）、觀看、嗅聞、旋轉／折斷、啜飲／試味、吐出／吞嚥，最後坐下來總結。我會跟一些品評者還有啟發及證實這些步驟的科學家們，帶領各位逐一認識這七個步驟。最後，我們將一起做一遍。你可以開始想像要用這套方法來品嘗什麼，但先別急；在我們把任何東西放進嘴裡之前，還有得學呢。

準備（環境）

不必參加特別安排的活動，也可以嘗試品味；希望大家能在各種不同的環境中試試看。像沃德和我試飲威士忌的飯店酒吧、朋友的家，或是街邊的墨西哥塔可餅餐車前，都屬於你無法控制的環境。若在這種情況下，這個步驟就是要留意周圍的環境。要快速評估環境，需要運用四種感官：視覺、觸覺、聽覺和嗅覺。你在周圍看到什麼？別忘了顏色對味覺的影響：紅色牆面或大型紅色藝術品可能會讓你感覺多嘗到一絲甜味，使用桃花心木的空間裝潢則可能讓你吃的東西變得苦一點點，因為木材的分子會飄向你的鼻子和嘴巴。燈光可能太明亮，或是太昏暗。如果可以的話，找個有自然光源的地方；這是最容易複製的照明條件，能讓你每次品嘗時的照明情況比較一致。

我和沃德坐在酒吧裡的一面大窗戶前，不過陽光正在快速消失。牆壁是中性的灰白色，室內有暖色調的木質裝飾。這是個還算有吸引力，但不會令人難忘的空間，在整個城市裡都可以找到類似的地方。就視覺層面而言，可以說是你能找到最適合專注品味的地方了，沒有什麼會分散注意力或影響品嘗的東西。

你感覺如何？溫暖嗎？還是太熱？你覺得冷，後悔沒帶毛衣嗎？酒吧裡挺冷的，冷到我想把外套穿起來，冷到我覺得威士忌喝起來應該會比沒那麼冷時更順口、更讓人暖和。

現在，深吸一口氣。如果空氣又冷又乾，你可能很難從要品嘗的食物上聞到香氣。對此我們無法改變，這只是一個值得注意的因素。（是也可以把旅行加濕器拿出來，但在接下來的用餐過程中你可能會感到尷尬，導致感官變得不敏銳。）

還有其他東西可以感覺：桌子或長椅的木材摸起來有點粗糙，硬硬的木頭長椅坐起來也不舒服；處於不舒服的狀態是沒辦法品味的，那會分散你的注意力，就像有隻小蟲子在你頭上嗡嗡作響，轉移你對手邊工作的注意力。

你有沒有聽到什麼會讓你分心的聲音？正如上一章談到的，喧鬧噪音會讓你的品味能力變得遲鈍，而音樂則會影響味覺。同樣一杯威士忌，配著透過音響大聲播放的騷沙音樂，跟在自家客廳電視機前相比，喝起來味道會有所不同。這間酒吧顯然有人考慮過聲學效果；雖然周圍不少人晃來晃去，但聲音大概就是輕聲交談的程度。音響的音量也很小，小到我無法聽清楚到底播的是什麼音樂。雖然聽得到聲音，但不會分散注意力。

在環境中，最需要注意的層面，也是會真正干擾你接下來味覺記憶的因素，是氣味。你聞到什麼味道？大多數菜餚都有代表性的香味。伊莉莎白・羅辛（Elisabeth Rozin）寫了一本介於食譜與研究宣言之間的著作《民族美食》（*Ethnic Cuisine*），她在書中列出了稱為「風味原則」的三種成分組合，全球各地的菜餚都可以大致用這個原則定義。比方說，如果你坐在希臘餐廳裡，很容易聞到橄欖油、檸檬和奧勒岡葉的味道。如果是匈牙利餐廳，空氣中會充滿洋蔥、豬油和紅椒粉的香味。如果你站在墨西哥塔可餅餐車前，尤其是當它停在曼哈頓中城某條繁忙的街道上，除了莎莎醬之外，你可能還會聞到一股汽油味或是垃圾味。當然，有時還有味道十足的用餐同伴。很難想像 Nobu 餐廳的客人能在瀰漫著 Le Labo 時下最紅香水的空氣中，品嘗出壽司細緻的風味層次。

如果你對於身處的環境有掌控權，即使只是早上在家品嘗一杯濾掛咖啡，也可以透過一些方法來改善品味體驗。每次品嘗，你需要特別準備三件事：使用餐盤或玻璃器皿、讓食物處於理想溫度，以及盡可能消除干擾。

玻璃會影響味覺，但影響程度可能沒有你想像的那麼多。通常，有豐富葡萄酒收藏的餐廳，也會擁有豐富的玻璃杯收藏。勃根地紅酒杯有寬闊的杯肚（位於杯腳上方的部分），側面曲線幾乎與地球儀側面一樣彎；笛型杯的側面往往幾乎是上下呈一直線，可以展示香檳中悠然上升的氣泡；此外還有威士忌聞香杯，據說鐘形收合的杯口可以收集溢散的乙醇香氣。那刺鼻的氣體與其留在鼻子裡，還是留在杯裡更好。

如果由麥斯米蘭．里德爾（Maximilian Riedel）做主，收藏的杯種將會更加廣泛。他是玻璃製造商 Riedel 第十一代執行長，這間公司以生產各種特殊的葡萄酒杯聞名，而里德爾本人更有遠見：他認為每個酒莊都應該有自己專屬的酒杯，以彰顯釀酒師的理念。身為歷史長達兩百五十多年的玻璃製品公司總裁，他親自參加設計會議，與釀酒師和酒莊經營者討論構想。「我喜歡參加會議，因為我喜歡看到真情流露，」里德爾說，「當對方召集整個團隊，一起體驗自己熟悉到不能再熟悉的葡萄酒時，其實非常有趣。我只是把酒裝進不同的玻璃杯，就能讓酒展現出更多更廣的風味。」

剛開始會有二十種杯子，里德爾和酒莊團隊會把範圍縮小成三到五個杯了。他認為，酒杯可以強調葡萄酒的任何層面，從特定風味到滑順口感，「任何層面都可以，除了酒精；我們不會強調酒精。」就這方面來說，里德爾和請他設計杯款的釀酒師是有些道理的。有日本研究人員使用「嗅探相機」（sniffer camera），針對各種酒杯製作出酒中乙醇蒸氣逸散的視覺模型。根據儀器顯示，若是用馬丁尼杯以及杯身呈直線的洛克杯（就像沃德和我用來品嘗威士忌的這種），酒精蒸氣會在杯中隨機滾動，就像溫泉的水蒸氣在清晨空氣中冉冉上升那樣。至於葡萄酒杯，則呈現完全不同的蒸氣圖案。酒杯邊緣周圍的乙醇濃度最高，中央的乙醇濃度較低，形成一個中空的明顯圓圈。看著蒸氣從玻璃杯中升起，沿著邊緣形成一圈，實在令人著迷。你可以造訪 howtotastebook.com/glasses 觀看嗅探相機拍攝到的動態影像。這個中空處，正是你吸入葡萄酒的香氣時鼻子應該要停留的位置。當然，酒莊團隊中沒有人想要強調酒精的刺鼻味，但每個人對想要強調的特點可能會有不同的看法。里德爾說，這就是困難之處。酒莊經營者可能喜歡能夠散發出濃厚單寧的酒杯，釀酒師卻希望酒杯能凸顯那股幽微的水果味。「這樣的話，我們就會以結合這兩個特點為目標，為他們客製化。」他微笑說。如此就有一個新的葡萄酒杯誕生了。

玻璃杯的哪些因素會改變我們的品飲感受？以下是玻璃杯實際影響品味的幾個層面：

- 杯口內縮具有將氣味保留在杯緣的效果，如果你小心地將鼻子靠在杯口，就會吸入濃郁的香氣。這種留香作用對於所有氣味都有效（包括乙醇的刺鼻味），因此酒精含量很高的酒品不適合用杯口內縮的酒杯來品飲。「傳統的干邑白蘭地聞香杯是世界上最蠢的杯型設計，酒精根本散發不出來。」里德爾嗤笑道，「那個酒精味的集中程度，簡直就像拳王泰森直接給你一拳。」
- 另一方面，杯口外擴會讓杯中液體產生瀑布效應，讓酒就像小瀑布一樣流入口中。當你想讓芳香族化合物逸散時，如瀑布般滿溢的泡沫卻位在鼻子的正下方，將香氣整個蓋過。這種形狀可以在經典的特醋啤酒杯（Teku）或喝威士忌用的鬱金香杯上看到。
- 窄口的杯型會將一股強勁的液體引導到舌頭中央，讓口感更集中，例如刺激的碳酸或乾澀的單寧。較寬的杯口可以突顯舌頭前段感受到的甜味和水果風味，並讓每一次品飲的味道擴散到整個口腔。
- 任何類型的杯腳都可以避免手碰到杯肚，讓裡面的液體減少溫度變化。特別長的杯腳可以讓手離杯口更遠，脫離可嗅聞的距離；如果手在嗅聞距離內，手上的香氛乳液或洗手乳的味道可能會干擾品味。

- 燈泡般寬闊的杯肚據說可以讓酒接觸更多氧氣，讓風味「釋放」出來。我覺得這說法根本是胡扯！只要是手腕舉得起來的人，都能旋轉搖晃杯中的酒，引入更多氧氣。雖然這不是什麼錯誤，不過用杯肚大如碗公的干邑白蘭地酒杯或球形的勃根地紅酒杯來喝酒的人，與其說是為了要接觸什麼氧氣，不如說是為了炫示他們喜愛的酒飲類型。

這讓我想到自己長期以來對玻璃器皿的看法。玻璃杯唯一的作用，就是讓你喝的飲料感覺比較特別，同時也透過這種聯想帶給你不可一世的感覺。只要你使用的杯子方便飲用，什麼類型的玻璃杯根本不重要。外擴的杯口或優雅的高腳帶給品飲者的優勢，只要稍微多集中一點精神來品味，都可以超越。是的，我承認用杯肚渾圓的高腳杯比較容易搖動旋轉杯中液體，若是用蘇格蘭威士忌協會認可的格蘭凱恩威士忌杯，很容易產生些許離心力；不過，只要你想讓杯中物旋轉，一定辦得到。沃德和我正在純飲 Knob Creek Rye 威士忌，用的是方形的洛克杯，這樣會比較難搖杯，但並非不可能。

所以，不必過於擔心如何選擇玻璃杯。世界最大的啤酒比賽是每年在美國丹佛舉行的「美國大啤酒節」（Great American Beer Festival），比賽中有幾十位評審，全都使用同一種杯子，猜猜是什麼杯？答案：塑膠杯！塑膠比較乾淨，比較不會沾染氣味，可能還比較環保。清洗數千個試飲用的玻璃杯需要大量的水，還要大量熱能來烘乾杯子。此外，因為評審需要在三天的比賽中評估近萬件參賽作品，若要滿足這個需求，就得為比賽製作數千個玻璃杯。如果沒有地方存放如此大量的玻璃杯，最終也會成為廢棄物。所以，其實你可以使用喜歡的任何杯具品飲。如果你想用復古華麗風格的水晶雕刻寬口碟型杯喝所有的飲料，那也沒關係呀！一般認為這種玻璃杯「不適合」用來喝粉紅酒，但光憑你對它的喜愛以及能釋放香氣的寬大杯口，就能讓冰箱中的平價盒裝葡萄酒變得更美味。

反之亦然。如果置身在無線電城音樂廳（Radio City Music Hall）的演出中，你可能不得不用有「THE ROCKETTES」（火箭女郎，知名大腿舞女性舞團）網版印刷字樣的塑膠杯喝酒，但別讓容器阻止你點自己真正想品嘗的好酒來喝。你的專注和賞鑑，將比精心彎曲的玻璃製品帶來更多的風味。（順便說一句，在火箭女郎性感火辣的表演場上，雞尾酒通常是用特製的馬丁尼杯盛裝，杯腳是仿照女郎美腿的造型。沒錯，我確實認為這會讓雞尾酒喝起來不太一樣，儘管我還沒有實證過我的理論。如果有人感興趣的話，塑膠製的火箭馬丁尼杯〔Rockettini〕在 eBay 上的售價是十五美元。）

關於用來品飲的杯子，最重要的一點就是要有個杯子。無論是喝蘋果酒、啤酒、罐裝葡萄酒，還是任何你想認真品味的東西，都不要用原本的容器直接喝。狹窄的瓶口和鋁罐開口，會使得香氣化合物幾乎無法進入你的鼻子。此外，罐子或瓶子在嘴上的感覺，不會向你的大腦發送特殊的訊息，讓你覺得自己在喝的東西值得細細品味。使用任何舊杯子都可以，包括透明塑膠杯。

儘管如此，還是有一些專門容器可以從特定介質中引出最好的風味。例如專業的橄欖油品味師會用厚厚的藍色玻璃碗來遮住油的顏色；還有別稱「蛇目杯」的清酒杯，大小約與 shot 杯相當，不過是比較圓潤的碗狀，底色為白色，杯內底部印有明亮的寶藍色雙層同心圓，可以幫助品酒師評估酒的品質，因為透過藍色同心圓觀察清酒時，即使是最細的懸浮物都會變明顯。對於起司、巧克力或混合式開胃菜等等，擺盤時最好選擇白色的盤子。此外，圓邊的器皿值得多多使用，因為我們習慣在上面看到食物。不過，請用與玻璃器皿相同的心態來對待盤子。就算只有白色免洗盤可用，仍然值得好好品味！

好，現在你已經選好杯子和盤子（希望沒花太多時間挑選！），是時候開始品味你要品嘗的食物或飲品了。正如上一章所討論的，出於各種原因，食物的食用溫度會影響味道。第一，如果溫度與體溫差不多，我們的味蕾能品嘗到比較多甜味、鮮味和苦味的化合物。第二，食物或飲品的溫度越高，揮發性的芳香族化合物就越多。比起冷掉的披薩，熱騰騰披薩上的香氣分子就像一群嗡嗡作響的迷你果蠅，只要吸一口氣就能帶到嗅覺上皮。（「披薩冷掉一樣好吃」論的支持者，抱歉了，我是有科學根據的！）最後，我們對某些食物的食用溫度抱有期望，若是品嘗的食物溫度不符期望，可能會讓我們下意識地不喜歡這種食物，卻沒想到是因為溫度不對。舉例來說，即使是優質的伏特加，在室溫下味道也很刺鼻；再好的起司，低溫時也會淡而無味。

第九十一頁的圖表列出了幾種常用於品味活動的食物和飲品，以及理想的食用溫度。溫度是一個不斷變化的指標。品嘗物的溫度不會保持不變，而是不斷趨近於周圍空氣的溫度，無論是烤箱中、冰箱裡還是室內的空氣。也就是說，一杯完全冰鎮的葡萄酒只能保持這個狀態幾分鐘。無論想品嘗什麼，都是在某個溫度範圍內品味。如果是冰的或室溫的飲食，自然機制對我們比較有利，在當我們享受品味時，由於揮發的芳香族化合物增加，我們會自然感受到釋放出來的風味。溫熱的食物或飲品就沒那麼幸運了，隨著溫度下降，味道也會變淡。因此，試喝咖啡時一次只倒一種，或者確認你的客人在食物出爐後可以馬上開飯，都是有其道理的。

冰飲可以在裝滿冰水的冰桶中保持低溫。啤酒、葡萄酒和清酒在冰箱外放置二十到三十分鐘，即可達到理想的溫度。像起司、巧克力這樣的食物，因為在室溫下品嘗味道最

要品嘗的食物	最佳食用溫度（℉）	溫度（℃）	食用技巧
橄欖油	82 ℉	28℃	品嘗前可以將橄欖油放在小型容器中以手加溫，或是從外部加熱。
起司	65~72 ℉	18~21℃	至少應於品嘗的三十分鐘前將起司從冰箱中取出。如果起司的份量較大，可以在室溫下放置長達一個小時。
巧克力	65~72 ℉	18~21℃	巧克力應在涼爽的室溫時食用，透過口腔提高一點溫度，來讓巧克力達到融點。
魚子醬	46~48 ℉	8~9℃	讓魚子醬在食用過程中慢慢提高溫度，這樣可以體驗到更豐富的風味。如果份量很少，可以在冰的時候嘗一口，回溫之後再嘗一口。
白酒	48~55 ℉	9~13℃	如果是酒精含量較高的白葡萄酒，可以選擇在這個範圍中偏高一點的溫度飲用，甜度高的甜點酒也是。

好，應該提前大約一個小時退冰。具有認證起司專家（CCP）資格、屢獲獎項的起司師布萊恩・吉爾伯特（Brian Gilbert）表示，起司的食用溫度應該比大家想像的要高。「我都會告訴大家說要放到常溫，但不要到冒出水珠的程度。」他強調，起司原本就該用這種溫度品味。「有些人對於把起司之類的東西放在室溫下會感到不安，其實不必。根據起司的種類而定，放上五個小時或更久其實都沒關係。」除此之外，起司拼盤開胃菜非常適合用來判斷一家酒吧值不值得你留下來享用晚餐。起司不應該是冷的，應該要很容易抹開、弄碎或切片。見微知著，供應冷起司代表廚房的準備有疏漏、注意力不足，而這個現象影響到的可能不只是開胃菜。

當你要品嘗的東西達到一定溫度時，請用透氣的東西（例如茶巾）覆蓋，保持香氣。吉爾伯特補充說，這種覆蓋方法也適用於醃漬小菜等味道較重的副餐。如果任由味道在空間中飄散，你每嘗一口起司，都會想到醃漬小菜。所以最好留住香氣，直到你想同時品嘗醃漬小菜和起司。

有些東西在高於室溫的溫度下品嘗效果最佳，例如橄欖油。只要品嘗過微熱的橄欖油，你就再也不會覺得義大利餐廳裡搭配麵包的冷油能讓人胃口大開了。原本略帶油膩的質地變得絲滑，天然酚類物質散發出的胡椒香氣，會提醒你橄欖油（名廚埃娜・加爾頓〔Ina Garten〕會強調是「優質橄欖油」）之所以常被當作調味料的原因。專業的橄欖油品味師會使用加熱墊或特別設計的加熱器，將藍色小玻璃碗中的橄欖油加熱之後再靠近嘴唇。將瓶子泡在溫水裡的效果很好，可以為你節省二十二到八百六十八美元不等的費用（價格視加熱裝置而定）。如果是在家裡，使用電熱水壺就能輕鬆倒出溫水並保持水溫。會顯示溫度的熱水壺最方便，可以輕鬆將水加熱到需要的溫度，這樣一來，就不必擔心加熱過程中把油燒焦或是燙傷自己。更不用說，若要品嘗需以特定溫度沖泡的茶，這種器具也是不可或缺的工具。

確認好品嘗物的裝盤方式和食用溫度之後，最後要做的就是整頓空間，去除可能造成分心的事物。請回顧我們在這個步驟一開始提出的、關於五感的那些問題，不過這次要自問你在每個領域能夠掌控什麼。如果是為了準備測驗或其他專業考試而做的品味練習，應該盡量嚴格去除會造成分心的因素。建議你坐在舒適的椅子上（如果實際評測是站著進行，那就站著），面對白色的牆面。理想情況是感覺全世界只剩下你跟你要品嘗的東西，視線範圍連一片紙屑都不要有。如果你只是隨意品嘗，或是跟朋友一起品味，那當然不必如此刻意避免視覺干擾，不過撿起紙屑讓周圍保持整潔仍然是個好主意；我們的大腦會為了避免專注於單一目標而分神去注意許多東西，這是很神奇的機制。若要放音樂，請選擇不太會引起注意的樂曲。空間中不應使用香氛蠟燭，也不要擺放香氣濃郁的花。在這個步驟結束時，即使你無法控制周圍環境，應該也已經留心到需注意的地方，或是已經準備好想用的餐具、決定了適合享用的溫度，並且讓空間盡可能舒服又容易集中注意力。

觀看

「會做傾斜酒杯、舉到光線下這個動作，有兩個原因，」沃德一邊說，一邊將傾斜的杯子舉到離他額頭約十五公分的地方。「要嘛是因為你覺得應該要這麼做，不然……」他瞇起眼睛，露出誇張的專注神情。「就是你想要讓周圍的每個人都覺得你非常認真，覺得你對威士忌有獨到的見解。」

我大笑起來，模仿他的姿勢，皺起眉頭裝出一副無比認真的樣子。「那麼，可以從顏色看出什麼呢？」

「光憑顏色，基本上什麼都看不出來。」

我驚訝地把目光從我那杯威士忌移開。「什麼都看不出來？」

「什麼都看不出來。」

而且，晃動玻璃杯讓酒液旋轉，並觀察酒液是沿著杯壁呈細流狀滴下還是薄瀑般緩緩流下，雖然很有趣，但從這所謂的「酒腿」（leg）無法得到多少資訊。有人說可以從酒腿或「酒淚」（tear）流回杯底酒液的速度，看出酒的年份和酒精含量，但是用來陳釀葡萄酒、烈酒和醋的桶身含有油，也會影響流回酒液的速度，色素或糖等添加物亦然。就像沃德所言，大多數人盯著傾斜的酒杯，是因為覺得好像要遵循某些未知的品飲標準，而不是真的能取得什麼有用的資訊。

無論是葡萄酒、清酒、蜂蜜還是巧克力，專家都告訴我，從外觀無法得知多少關於風味的資訊。正如先前提到的，橄欖油評審會故意用厚厚的藍色玻璃碗遮去橄欖油的外觀，因為外觀特徵無法代表橄欖油的品質。那麼，為什麼還要注意外觀呢？對此，我個人稱之為「翻糖效應」。很多為了紀念特殊場合而製作的蛋糕，表面都有以翻糖製成的精緻花紋和圖案，我想你一定也見過；那些蛋糕看起來不像剛從烤箱出爐的東西，而是讓人想起博物館裡展示的賽車模型或童趣蝴蝶。翻糖是用明膠、植物脂肪、糖和甘油製成，吃起來就跟這個成分表聽起來一樣糟糕。口感也好不到哪裡去，粉粉黏黏的，延展性跟還沒咀嚼過的黃箭口香糖差不多。人們將這種可食用的口香糖塑造成形，大量覆蓋在蛋糕周圍，將蛋糕體完全包在裡面。翻糖的顏色可以很鮮豔，比方做成色調飽和的深藍色海浪，配上飛翔的海鷗，也可以染上淡雅柔和的顏色，塑形成花藝般的裝飾。不過，表面裝飾再怎麼華麗，都不會影響內部蛋糕體的味道。產前派對上用的粉紅色翻糖蛋糕，裡頭可能藏著檸檬蛋糕和香草奶油霜。喜氣洋洋的紅色年糕，內餡可能是巧克力。根據表面翻糖的精美程度，裡面的蛋糕可能會讓人鬆一口氣（當我看到前面提到的藍色海鷗蛋糕時，一度擔心會吃到什麼海洋風味的東西，結果裡面是紅絲絨蛋糕！），也可能會令人大失所望。在這個步驟太過仔細地查看你要品嘗的東西，也會產生同樣的後果。

「觀看」之所以是七個步驟中最簡短的一個，原因就在於翻糖效應。雖然簡短，仍然必要，因為這是我們在品嘗物處於完美狀態時的觀察。精心製作的甜點、剛倒出的咖啡、整塊完美無缺的起司，無論你品嘗的是什麼，之後都不會如此刻般美麗，所以值得我們花一些時間欣賞。這種完美狀態轉瞬即逝，因為幾乎所有食物或飲品在上桌之後不久，外觀就會開始變化。啤酒上綿密的泡沫層消散，軟質乳酪逐漸倒向盤子的邊緣，泡沫醬汁的細沫無精打采地縮小消失。

每個專業品味方法中都有觀看這個步驟，原因是要檢查瑕疵和缺陷。巧克力帶有蠟狀的白色斑點，表示保存方式不當，出現「開花」的現象。清酒、葡萄酒和某些啤酒可能會有一點渾濁，雖然不影響風味，但會影響品質分數。冰淇淋含有冰晶，表示生產過程有瑕疵，你必須在這個缺陷融化之前加以觀察和記錄。

對於品嘗物，不要過於仔細地檢查，視覺線索可能會誤導我們，而花在分析外觀上的每一秒鐘，都是另一個沿著這些線索得出錯誤結論的機會。只要記下出現在你面前的東西、發生了什麼變化，以及任何看起來有絲毫不對勁的地方。「觀看」這個步驟，是整個過程中第一個需要在紙上或腦海中記錄的時機。在這七個步驟中，還有三個要停下來「做筆記」的地方。這些停頓可以幫助你辨識一些關鍵字，以便在流程結束時完整記住所品嘗的東西。

說到流程，現在我們來到了最深入的一步：嗅聞。

嗅聞

「我每次指導別人品酒，總要提醒對方，」沃德舉起酒杯，「從離鼻子遠一點的地方開始。」他伸出手臂，將威士忌酒杯舉在離臉大約二十公分的空中。「我只要看杯子裡是什麼東西，就知道需要保持多遠的距離。但我得提醒他們別直接把杯子湊到臉上。」

把臉湊到杯子上之所以事關重大，是因為鼻子是非常敏感的工具。只要區區四個有氣味的物質分子，就可以活化嗅覺受體（雖說活化受體並不代表我們能意識到自己聞到什麼氣味）。這種敏感度，決定了你該如何完成整個嗅聞的步驟。為了從感官接收到的香氣獲得最大的愉悅感、最豐富的細節，並有效地將芳香族化合物傳送到嗅覺上皮細胞的受體，你可以採用幾種不同的嗅聞技巧。這就像在躲避球比賽中試圖擊中敵隊成員一樣，如果你能以不同的速度從不同角度投出球，你的攻擊會更有效。採用混合式的嗅聞策略，可以確保我們的躲避球（在這個例子中是香氣分子）能接觸到目標，也就是嗅覺上皮。因此，這個步驟是品味方法中最漫長、也最複雜的部分，但也沒有複雜到會讓同桌用餐的人察覺到你在做什麼（不過，別不好意思，邀請對方跟我們一起聞聞嗅嗅吧！）。

我們會透過五種特別的嗅聞評估技巧來進行，目標在於穩定地逐漸增加每一次吸入鼻腔的香氣量和濃度。第一個技巧，主要是吸入最淡的香氣。正如沃德現在所做的，這是「遠距嗅聞」，也就是將你的叉子、杯子或盤子放在距離臉部約十五公分的地方。我通常會想像我跟要嗅聞的東西之間放了一隻 Sharpie 麥克筆，大概就是那樣的長度。然後做三到四次快速短暫的吸氣，每次大約半秒鐘，這就是遠距嗅聞了。

坦白說，這種嗅聞往往沒什麼用，很容易讓人想要略過。隔著十五公分的距離，你可能什麼都聞不到，這時可以馬上繼續進行下一階段。如果在這個距離下出現明顯的強烈香氣，則需要暫停並特別留意，因為這香氣可能很快就會消失。這有點像是把金絲雀放在煤礦中偵測危險的道理。遠距嗅聞是整個品味過程中的一道防線，用意在於避免兩種問題：嗅覺暫時失靈和嗅覺疲勞。

你會自然而然想把鼻子靠到杯子上，這些充滿氣味分子的躲避球若不是在近距離下，怎麼打得中目標？但就像在沒有救生員的游泳池下水一樣，風險都要自負。如果嗅聞樣品有一種香氣的濃度很高，你一股腦兒靠過去，就會像跳進水裡一樣……噗呼！這樣一聞，你可能會變得完全聞不出最重要的氣味，甚至比天生無法感知某些成分的人還更無法察覺這些成分，而且這種嗅覺失靈的狀況可能會持續三十分鐘以上。

「有些化合物你只要聞一秒鐘，幾分鐘內就再也聞不出來了，」莫內爾化學感官中心（Monell Chemical Senses Center）的化學感官學家帕梅拉．道爾頓（Pamela Dalton）說，「對於這種嗅覺暫時失靈的情況，我們還沒有完全確定原因。」道爾頓告訴我，原因可能出在某些分子會與我們的嗅覺受體結合，而且很難解除結合。它們會停留在周圍，將那種氣味的受體隔絕，使我們無法注意到氣味的存在。或者，也有可能是這些分子不像其他氣味那麼快從鼻腔通道中消失；如果那種氣味在鼻腔裡的濃度已經很高，再增加一些也沒差多少，我們就不會意識到那種氣味的存在。

道爾頓很快就想到麝香的香氣。「調香師說，評估含有麝香成分的香水時，必須等待相當長的時間，至少要過幾分鐘才能再去聞它，因為那味道聞一聞就會消失。」

遠距嗅聞可以只讓少量可能導致嗅覺失靈的化合物進入鼻腔通道，是一種謹慎的做法。在嗅聞香氣樣本時，我們是希望會導致嗅覺失靈的化合物分子數量少於可以結合的受體。這樣一來，在受體被暫時阻隔之前，你至少還能再嗅聞一次。現在，你已成功避免暫時性的嗅覺失靈，接著要來阻止鼻子自然的嗅覺疲勞（又稱嗅覺適應）傾向。

「人類的嗅覺可能是一種危險探測器，」道爾頓說，「如果我們聞到某種氣味之後，一直繼續嗅聞，通常很難從中獲得什麼有用的資訊。」為了對潛在的新威脅保持敏銳感知，我們會迅速適應所處環境的氣味。鼻子非常善於察覺差異，這就是為什麼品管人員會用完美的「對照組」樣本來測試其他樣本。品管人員基本上會適應對照組的氣味，適應到聞不出對照組樣本的味道；這麼一來，如果其他樣品有香氣，他們就會知道樣品與對照組樣本不同。

「這就像是降低背景噪音，」道爾頓說，「你最初可能只是聽到非常微弱的訊號，但如果能減少背景噪音，訊號就會變得更加明顯。」第一次嗅聞剛倒出來的雞尾酒時，你聞到的主要香氣可能是草本風味、強烈濃郁的百里香。不過，在近距離下分析幾秒鐘之後，你的大腦就會開始忽略這強烈的氣味，尋找藏在其中的成分。在專注尋找其他氣味的過程中，你很容易忘記最初那股充滿鼻腔的百里香氣味。要記住你在遠距嗅聞時注意到的氣味。隨著每一次嗅聞逐漸拉近距離，我們會接觸到越來越濃的氣味，並專注在自己察覺到的氣味和過程中的變化，藉此拼湊出完整的香氣拼圖。

下一塊拼圖來自「移動嗅聞」。那麼，是什麼在移動——是你，還是你要品嘗的東西？這次是移動品嘗物，等一下就會輪到你的鼻子。在遠距嗅聞時，我們就稍稍聞到遠處傳來的香氣；現在來到移動嗅聞的階段，我們可以靠近一點，但仍然要小心地吸氣，因為有可能發生嗅覺失靈和嗅覺快速疲勞的情況。回到你放在距離臉部一支麥克筆遠的叉子、杯子或盤子吧，我們要用完美的直角三角形路徑移動它。首先是持續往鼻子移動，直到抵達鼻孔下方約四、五公分的位置，這樣就畫出了三角形的底邊。接著沿三角形的斜邊畫一條直線，以四十五度角向上移動並遠離鼻子。現在，要來畫三角形的第三邊了，請往下大約十五公分，回到起點；最後停下的位置，也就是距離鼻子一支麥克筆的地方。在繪製這個隱形的三角形時，請連續進行為時半秒鐘的快速吸氣。我大概花了七次快速吸氣（約莫四秒鐘）畫完整個三角形，這樣應該可以讓你大致了解這個三角形的大小和移動速度。

這個三角形的移動路線，有兩層原因。這要說回我們之所以要從各種角度將香氣躲避球投向嗅覺受體的目的：香氣落向鼻子的方式與被鼻子吸入的方式不同。我在撰寫這本書的過程中採訪了許多品味師，其中有些人提到，較重的芳香族化合物與較輕的芳香族化合物落下的方式不同，後者更容易漂浮在鼻腔通道上。我並沒有找到多少科學證據來證實這個說法，但我認為聽起來是個很好的理論。當我嗅到從三角形頂點落到我身上的香氣時，我注意到些許黃芥末的香氣。鮮明銳利的氣息變得柔軟，出現一股微妙的堅果香味，類似花生仁的種皮。

採取三角形移動路線的第二個原因，是物體下方的揮發性芳香族化合物比上方來得少。這裡又要重提我們是要慢慢提高香氣的強度；在畫出這個三角形時，應該只有兩到三次嗅聞是在近距離之下吸入較多的氣味。在這個步驟中，我們仍在探索這股香氣，試圖感受其中最為明顯的特徵。

遠距嗅聞就像看到不遠處的某個人，移動嗅聞就像是得知對方的姓名和身分，而接下來的「簡短嗅聞」就有如第一次跟對方握手。簡短嗅聞這個技巧相當簡單直觀，將你要品嘗的東西放在鼻子下方，大約距離三公分處即可，然後快速地連續嗅聞三到四次，每次半秒鐘。接著將品嘗物移到離臉較遠的地方，至少相隔十五公分，不過最好更遠一點。現在我們已接觸到這股香氣的全貌，能掌握到它所有的層次。不妨花點時間思考一下，這與你在遠距嗅聞和移動嗅聞階段聞到的一樣嗎？是如同你的預期，還是在你預料之外？

無論這股香味多麼美妙，無論你多想再聞一次，請靜待幾秒鐘，讓大腦中的軟體和口腔裡的硬體有時間重置。說到重置，幾乎所有關於嗅聞氣味的照片，都會是深深吸氣的畫面，但我們卻一直在做快速嗅聞的動作，這是有原因的。你看到的每一張嗅聞照片，無論是西裝筆挺的侍酒師，還是穿著工作服的薰衣草農夫，幾乎都會是同樣的姿勢：鼻子湊向手中的玻璃杯或是一大束剛採摘的鮮花，緊閉眼睛、面帶微笑，看起來深深吸了一大口香氣。每當我看到這種對聞香的浪漫化呈現手法，都會想到一個東西：黏液。

正如第一章所述，乾燥的鼻道是一種低效又遲鈍的嗅覺通道，因此當專業人士開始嗅聞時，會盡力保持濕度（以及黏液）。就像蜘蛛網和蒼蠅的關係一樣，黏液（以及其中的氣味結合蛋白）會捕捉漂浮在嗅球附近的芳香族化合物。芳香族化合物被捕獲之後，會與氣味結合蛋白連結，並接觸到嗅覺受體。這種接觸會產生一種氣味訊號，並傳送到大腦進行解讀。至此，黏液已經完成了一半的工作，但如果一切正常，它還有另一個重要的作用：廢物處理。捕獲芳香族化合物後，黏液將帶著捕獲的化合物，繼續從喉嚨後方流下。隨著吞嚥的動作，黏液會進入消化系統。同時，會有一層新的黏液覆蓋在嗅球上、捕捉新的香氣，然後流走，如此不斷循環。這就是快速短暫的嗅聞之所以能有效將香氣帶到嗅覺受體的原因，這麼做不會吸入過多額外的空氣，可避免鼻道乾燥及損失珍貴的黏液。此外，道爾頓說，這樣快速短暫的嗅聞也有利空氣在鼻腔中流動。她與實驗室的一位生物工程師合作，製作出呈現氣味進入鼻子後如何移動的模型，結果顯示，鼻腔內猛烈而不穩定的氣流會導致化合物在鼻內結構中反彈，最終到達嗅球。

「過去大家都以為，就香氣濃度而言，我們實際吸入的物質只有大約百分之十會到達嗅覺區域，」道爾頓說明，「但現在我得說，不是這樣的。某些人或許確實是百分之十，但有些人更多，也有些人更少。這方面的落差，遠比我們以為的還要大。」就像大家的鼻子外觀都長得不一樣，鼻子內部的結構也各有不同。每一次為時半秒鐘的嗅聞，都會為鼻子帶來新的氣流和運動，讓化合物在其中像乒乓球一樣來回碰撞。理想上，其中有超過百分之十的化合物最後會來到嗅覺區域。但若你做一次又大又久、誇張如演戲的吸氣，則會產生一股持續的氣流，讓所有分子都以相同模式反彈。

「基本上，最好的聞香方法是非常短暫快速的嗅聞，」道爾頓說，「做一次短促而極為慎重的嗅聞，而不是一次吸入一大口。」

所以，簡短嗅聞是有其道理的。在這有如與氣味第一次握手的接觸中，那些帶有氣味的化合物會從壁面或鼻子彈向我們潮濕、充滿黏液的受體。這樣你就可以明白為什麼快速短促的嗅聞是最好的技巧。

現在，讓我們暫且拋開短促嗅聞的概念，大膽嘗試「延長嗅聞」。首先，稍微休息一下，好好想想你到目前為止所聞到的氣味。每一種氣味，即使是像剛切開的檸檬這種最基本的氣味，都有不只一種調性。如果是檸檬，不出意料地，核心氣味是檸檬味或柑橘味。這是一級香氣（primary aroma），也就是你被問到「請用一個詞形容那種氣味」時會講出的回答。喔，這是**檸檬！**

根據定義，一級香氣不可能有兩種。大家很容易以為花生果醬三明治的一級香氣是花生醬和果醬，其實並非如此。根據三明治製作者的手藝，一級香氣有可能是花生醬，不過更有可能是麵包。除非溫度很高，否則果醬的香氣不太會擴散；大家可以自己去聞聞看。雖然果醬不是一級香氣，但只要還有一點氣味，就不會被排除在三明治氣味的感官描述之外，這就是所謂的二級香氣（secondary aromas）。二級香氣的量可能很少，像是麵包散發出的漿果味或類似燕麥的氣味特徵。檸檬可能具有蠟質和類似玫瑰味的次要香氣，或是果肉和果皮之間的白色橘絡散發出的木質香調。這些二級香氣，是由你在遠距嗅聞、移動嗅聞和簡短嗅聞時感知到的其他描述語所組成。

可想而知，香氣中的最後一類香調是三級香氣（tertiary aromas）。你是不是只有在做移動嗅聞時才從檸檬中聞到一抹玫瑰香調？也許直到簡短嗅聞時，你才注意到一種類似覆盆子果泥的濃郁果香。這些都屬於三級香氣：你有注意到、但似乎不是原本就屬於嗅聞物的氣味。這是我們第一次嘗試對聞到的每一種氣味進行分類。至此，我們已經進行了一半的嗅聞步驟；在接下來的步驟中，要換你動一動了。

是的，我們要做「延長嗅聞」。在這個階段，請將品嘗物放在跟簡短嗅聞時相同的位置，然後輕輕吸氣二到四秒鐘。在你吸氣時，請移動頭部，讓鼻子在品嘗物中心的上方來回移動。如果你在聞的是酒杯裡的酒飲，這麼做的目的就是從乙醇香氣環的中空孔洞上來回穿越。四秒結束後，將品嘗物移到離鼻子至少十五公分的位置。這樣就完成延長嗅聞的階段了。

這是你接觸氣味最長的時間，就像與某人握過手後對話交談。你可以從中了解更多對方的生活細節，並觀察對方的個性，但不會涉及太過隱私的話題。在延長嗅聞的過程中，你可能會注意到一些三級香氣出現；這些香氣有可能應該歸類於二級香氣。此外，你也有可能發現新的三級香氣。請留心記錄。

接著繼續這個步驟中的最後一個嗅聞階段：「鼻後嗅聞」。如果我們現在已經看到不遠處的新朋友（遠距嗅聞）、與對方介紹認識（移動嗅聞）、互相握手（簡短嗅聞）、稍作閒聊（延長嗅聞），那麼我們即將在晚餐時分更深入認識對方。鼻後嗅聞能讓我們對香氣有跟先前截然不同的認識。這個步驟是要迫使香氣沿著鼻後通道到達嗅覺上皮，所以香氣到達那裡時，是由流動方向與先前四次嗅聞相反的空氣帶過去。

有時候，你透過鼻後嗅聞感受到的氣味，會跟先前在香氣中感受到的氣味截然不同；也有可能會幾乎完全相同。「我們不確定氣味之所以有差異，是不是因為經過上皮組織的方向不同，所以會用相反的順序活化不同的受體，」道爾頓說明。「鼻後嗅聞的感受往往比較弱，因為我們對鼻後嗅聞的控制能力比鼻前嗅聞來得少。」

為了讓鼻後嗅覺能更強烈，有一連串的步驟要做。這需要練習一下，我建議在沒有品嘗物的情況下先練習幾次，避免嗆到或是潑濺出來；有些過於熱切的學生來上我的品味課時，很容易發生這種情況。雖然在這個步驟中，品嘗物會首度接觸到你的口腔，但請不要專注在品嘗到的味道上。這一連串的步驟正是為了阻擋鼻前嗅覺而設計的。如果做得正確，這次嗅聞會讓你感知到第三種風味，與前五次嗅聞明顯不同。

首先，請深吸一口氣。跳過這個步驟往往會讓你嗆到口水、咳嗽不已。現在，跟我一起深深吸一大口氣，接著用你的非慣用手捏住鼻子，要一直捏住鼻孔，直到我說放開為止。從現在開始，你就是一隻單手又沒鼻孔、一心追求鼻後嗅覺感知的野獸。

接下來，拿起品嘗物喝一口或咬一口，不必很大口，只要感覺份量足夠，又可以輕鬆咀嚼、移動或吞嚥即可。請閉起嘴唇，在接下來的步驟中，嘴唇都要閉著。現在知道剛才為什麼要深吸一大口氣了吧？稍微咀嚼及漱漱口水，讓品嘗物在嘴裡移動，但不需要做會讓自己不舒服的動作。你只有一點點時間做這件事，因為我們所剩不多的氧氣正在倒數消耗著。現在，請專心在身體協調上，因為你需要同時做好幾件事。在吞嚥的那一瞬間，鬆開捏住的鼻孔，然後用鼻子大力呼氣。此時嘴唇仍然是閉著的，你沒張嘴吧？在你開始呼氣的那一刻，會感覺到有一種充滿口腔的風味被釋放出來。那就是偽裝成味道的香氣。

旋轉／折斷

現在你已經熟悉品嘗物的香氣，是時候再次檢查外觀了。觀看步驟的目的，是在不去假設風味的情況下觀察外觀。而這一回，在嗅聞幾次之後，你對風味已經有一定程度的了解，就不太可能被誤導。

是時候將固態的品嘗物折斷、塗抹或切開了。食物的脆度是新鮮度的重要指標。事實上，咬下鮮脆蘋果或迷你蘿蔔時發出的嘎吱聲，是新鮮度的最佳指標。脆度是新鮮度的衡量標準，因為在水分充足而飽滿的細胞周圍，細胞壁會緊密地延伸。你可以將胡蘿蔔中的細胞想像成數千個迷你籃球，如果你試圖擠壓完全充氣、甚至過度充氣的籃球，它們會繃緊，並反向推往你的手。以胡蘿蔔來說，籃球中的空氣就是水分；不過若是洋芋片或炸雞脆皮等零食，細胞中會充滿空氣。當你用手指（或牙齒！）擠壓胡蘿蔔來折斷它時，完全充氣的籃球會反推，直到壓力太大，最終爆裂，在橡膠外皮上炸出一個洞。新鮮芹菜或青椒的嘎吱聲，是來自數百個細胞壁同時爆炸的聲音。當蔬菜的新鮮度流失時，水分會滲出，留下有如消氣籃球的細胞；這時候，如果你去壓扁籃球，它可能會徹底消氣，如果還能發出聲音的話，會在釋出剩餘空氣時發出悶悶的**噗**——聲。對於這種狀態的胡蘿蔔，擠壓的動作已經不算是折斷，而像是壓爛了。

我們之所以喜歡酥脆食物，其實有與營養相關的生物學根據。水果或蔬菜只要放三天，就會失去百分之三十的營養價值，比例甚至可能更高。一星期後，蔬菜中百分之十五到五十五的維生素C就會消失。冰箱深處那顆軟軟爛爛的花椰菜，已經不再是你想要的健康食物了。

不過，脆度未必都與維生素含量或新鮮度有關。以巧克力來說，咬下去有響亮的喀滋聲，代表巧克力「調溫正常」。調溫如果正常，巧克力會維持完整的晶體結構。若是融化過又重新凝固的巧克力，則是「調溫失敗」。調溫正常的條狀黑巧克力，會發出清脆、響亮的折斷聲，而調溫失敗的黑巧克力聲音就沒有那麼清楚了。酵母麵包的「斷裂」聲比較不像是單一的聲音，而是各種嘎吱聲的合唱，從咬下新鮮麵包皮的聲音，變成柔軟蓬鬆內裡的細微撕扯聲響。

並非所有品嘗物都可以折斷，不過透過切割和塗抹，仍然可以得知許多資訊。起司在抹刀施壓之下抹開的情況，可以讓我們得知這種「糊狀物」的密度。以這種方式塗抹起司時，細胞壁遭到壓碎及拉扯，也會釋放出一系列香氣分子。塗抹時，最好將鼻子湊過去。無論是用叉子刺、用手折、用湯匙舀，還是在玻璃杯中旋轉，只要對品嘗物做任何動作，都會釋放出揮發性的香氣。

旋轉、折斷或塗抹不僅是另一種觀察品嘗物的方法，也是另一個盡量將香氣分子投向嗅覺受體的機會。為了這麼做，我們會採用一種技巧，我稱之為旋轉及嗅聞。如果你品嘗的東西不能旋轉，則稱為折斷及嗅聞。如果你是品嘗某種無法折斷的東西，那就稱為蓋杯及嗅聞，雖然名字比較不好記，但效果還是很不錯。首先，請確保雙手乾淨且沒有異味。如果沒辦法做到，請試著摩擦雙手，或是用手摩擦衣服袖子，盡可能中和氣味。現在，用一隻手（希望基本上是乾淨的）壓向杯子或碗的頂部，直到完全密封。手要壓緊一點，要壓緊到抬起手時就會在手掌上看到一個小圓圈的程度；但也不要壓得太大力，尤其是使用易碎的玻璃杯時。用手保持容器的密封狀態，同時將下方容器裡的品嘗物搖晃旋轉約五秒鐘；如果你在前面的步驟中很難辨識品嘗物的香氣，則請搖晃旋轉八到十秒鐘。在這段期間，千萬不能將緊壓的手移開或放鬆。接下來，請移動杯子或碗的邊緣，放在鼻孔下方約三公分的地方。然後將手從容器上舉起來，同時稍微張開嘴，用鼻子做三到五次半秒鐘的簡短嗅聞。你可能會覺得自己有點像隻氣喘吁吁的狗（可能看起來也有點像），但是張開嘴巴表示你嗅聞的時候，可能會有一些香氣從喉嚨後方往上飄。我們才不會放過鼻後嗅聞的額外機會呢！

當你搖晃液體使其旋轉時，香氣分子從溶液中逸出，只要你的手有正確封住玻璃杯開口，就能讓香氣分子聚集在下方的空間中，不會向上飄出杯子。你移開手時，就會將香氣從杯中引出，進入你鼻孔吸氣時的高速氣流中。正如覆蓋及旋轉液體會增加香氣分子的濃度，折斷、切斷或弄斷品嘗物也會釋放出一股強烈的香氣讓你吸入。折斷及嗅聞不需要同時做那麼多動作，只要將你要品嘗的東西放在鼻子下方五公分處，然後弄斷幾次，每次都做一遍簡短嗅聞。

如果是無法旋轉又弄不斷的東西，請將非慣用手弓起來，罩住品嘗物，就像是要用網子捕捉香氣一樣。幾秒鐘後，以慣用手將盤子舉到鼻子前，另一手仍然罩著品嘗物。盤子就位後，將本來罩著的手移向鼻子，將所有氣味引向正確的方向，也就是朝向嗅覺上皮。

「那麼，在肯塔基州的比賽期間，你要搖多少威士忌啊？」我問沃德。

「不是你想像中那種很誇張的搖法啦，」他說，「如果是未經稀釋的高濃度烈酒，這樣做只會搖出一大堆酒精。」
「我覺得好像每個人品酒都會搖酒杯。」
「那是輕輕搖晃，只是讓酒稍微晃動一下。酒的表面可能會有一層來自酒桶的油，晃一晃可以把油搖開，讓其他風味釋放出來。」
「好吧，輕輕搖晃，我還是第一次聽到。」
「搖酒杯的動作看起來煞有介事，但確實有好處。」
我慢慢地搖晃杯子旋轉酒液，想著如果是將裸麥威士忌倒入酒杯中，中間會出現一個濃度比較淡的區塊，這樣我聞到的乙醇就會比較少。
「我光靠鼻子就可以知道酒精濃度，或者掌握個大概；我想這杯應該是九十五度的。你靠近聞的時候有灼熱感嗎？」
我確實有感覺到一點灼熱感，但我第一次嗅聞的時候也有，在我還沒輕輕旋轉酒液之前。也許我沒注意到灼熱感，是因為它已經存在一段時間了。我需要讓鼻子休息一下。
暫停！清除餘味時間到了。
在品味方法的整個過程中，此時食物或飲品才剛剛觸及口腔，但接下來是時候談論口腔除味物（palate cleanser）了。實際上，應該稱之為感官除味物，或者是風味清除物，但就像品嘗過程中涉及的許多東西一樣，相關名稱總是難免跟口腔中感受到的風味牽扯在一起。這是一個有趣的難題，因為大多數人可能接觸過的口腔除味物，是用在鼻子的。即使你從未特意使用，也可能曾經從百貨公司香水專櫃上的小罐咖啡豆前走過，甚至機場商店和某些藥局的香水展示區也放有咖啡豆，有時你還會在威士忌品酒課或其他入門級品酒課程中看到咖啡豆。不過，經驗豐富的專業人士會避而不用。咖啡的氣味或許會掩蓋殘留在你鼻子中的其他氣味，但同時也會阻隔你聞到的下一種香氣。咖啡與巧克力、葡萄酒、啤酒甚至起司之間，有超過一百多種芳香族化合物是雷同的。在品味時嗅聞咖啡豆，作用與淨化感官恰恰相反，反倒增加了額外的香氣。

讓口腔除味的目的，是讓感官恢復中性。而最中性的氣味，能讓你嗅聞後給予感官休息的理想氣味，就是你自己。喔不，你不需要特意舉起手臂來聞自己的體味。只要稍微聞聞你的手肘彎曲處，甚至襯衫的肩膀處，都會有作用。在聞到特別濃郁的風味後，品嘗者可以摩擦雙手，然後將手彎成杯狀，蓋住臉的下半部，深吸幾口氣。我們唯一無法躲避的氣味，也就是自己的氣味，正是讓感官歸零所需之物。

可惜的是，我們沒辦法品嘗自己的味道。為了淨化口腔的味覺，我們需要其他東西。最常見的口腔除味物是常溫水。用來除味的水絕對不能加冰塊，因為舌頭一旦降溫，就會降低味覺受體的敏感性，恰好跟口腔除味物的目的相反。我在需要認真品味的時候會使用氣泡水，因為我覺得氣泡水有一些物理性的除味作用。這也有可能是那些「泡泡清潔溜溜」的廣告帶來的心理作用，但我完全相信碳酸化在我舌頭上造成的刺痛感，會帶走一些風味化合物。

「品嘗含有脂肪的東西時，溫水是最好的口腔除味物，」國際巧克力評審兼精品可可豆協會共同創辦人布萊恩・西斯內羅（Brian Cisneros）這樣告訴我，「必須是和你體溫相同或是略高一點的溫度，才能融化脂肪。」

他這番話讓我頗感驚訝，因為巧克力界的口腔除味物非常多樣化。一般來說，口腔除味物幾乎都是清淡的食物，例如無鹽餅乾或米餅。但在巧克力品味師的桌子上，除了餅乾之外，你還可能會看到切片的青蘋果和撕碎的麵包。有些巧克力評審最喜歡的除味物（也是我認為最奇怪的），是煮到像湯那樣有點稀的無調味玉米粥。

「使用食物（做為口腔除味物）的問題在於，你在品嘗下一個樣品之前不會刷牙，」吉爾伯特說，「所以你品嘗的下一口巧克力，可能會含有一點玉米粒，因為你用了玉米粥當口腔除味物。」

此話不假，你幾乎不可能把那些乾燥無鹽的餅乾完全從臼齒上去除。不過，我發現無鹽餅乾有時候很適合用來清除鼻子裡的味道。如果我一天當中要品嘗四十多種啤酒樣品，一遍又一遍地聞自己的味道會很煩。

可可豆的脂肪含量高達百分之五十一，巧克力的複雜風味大都來自於這種脂肪。因為這種脂肪帶有味道，所以也會停留在嘴裡。「要清掉留在口腔內的脂肪，最好的方法就是把它融化；這是唯一能完全擺脫它的方法，」吉爾伯特說，「也就是我會用溫水的原因。」品嘗起司或冰淇淋等高脂肪食品時，也很適合用溫水去除口腔裡的味道。

布萊恩說明，這種做法適用在需要計算評分的專業場域，因為評審要盡量在每一次品味時保持中立。「如果你吃巧克力只是為了樂趣，那不管用什麼當口腔除味物都沒關係，沒有任何限制！」

啜飲／試味

經過品味方法的五個步驟，終於來到實實在在真正要品嘗東西的時候了。我們感知到的風味中，有八成來自於嗅覺受體，但我們還是可以透過味覺受體獲得許多資訊。事實上，光是把東西放進嘴裡，就會大幅提升我們的嗅覺感官。道爾頓與莫內爾化學感官中心的其他感官科學家設計了一系列實驗，研究次要風味閾值對嗅覺敏感度的影響。在實驗中，受試者要將一種嘗起來像純水的溶液含在嘴裡，一邊嗅聞不同的小玻璃瓶。實際上，受試者拿到的溶液有三種：水、低於閾限的鮮味溶液（味精和水），或是低於閾限的甜味溶液（糖精和水）。研究人員要求受試者辨識哪一個玻璃瓶含有苯甲醛，這種化合物帶有櫻桃和杏仁的香氣。我們在第三章中了解到，每個人對個別化合物的敏感度都不相同，但在這個實驗中，口中含有甜味溶液的受試者可以在較低的閾值下準確辨識出苯甲醛。即使濃度低於識別閾值，甜味的存在也會讓受試者更容易察覺與甜味相關的氣味。

由此看來，嗅聞和品嘗結合起來，效果更好！

所以，讓我們開始啜飲和試味吧。我們將進行三種不同的品嘗，分別是配對品嘗、口感品嘗和餘韻品嘗，這三者共同造就了複雜的風味。

配對品嘗很簡單直覺。在這個階段，你可以放鬆下來，好好品嘗前幾分鐘你一直在嗅聞的東西。唯一需要做的，就是留意你嘗到的味道是否跟你感受到的香氣吻合。啜飲飲品或咬下食物時，不需要很大口，也不要太小口。這一口要能填滿嘴巴，但不能多到口腔無法咀嚼或咬嚼（專家用語）——這是兩種代表「咬」的講究說法。如果是飲品，這一口應該要是中等份量，足以盈滿口中，又還有空間可以讓液體漱飲流動。

（接下來就是吐出或吞嚥，下一個步驟再來詳細說明。）

在大多數情況下，配對品嘗的結果都是相符的。原因在於我們已習得「風味一致性」（flavor congruence）：我們會先入為主地認為帶有香草味的東西嘗起來是甜的，有檸檬味的東西嘗起來是酸的（儘管檸檬酸本身幾乎沒有香味）。然而，味道不一定都相符。舉例來說，如果你從來沒喝過咖啡，你會注意到咖啡聞起來有巧克力、烤堅果和　點點莓果的香氣，但喝起來卻是苦的。香氣與味道不相符，因為堅果和莓果不會苦，你嘗過的大多數巧克力也不是苦的。然而，在你第一次嘗到不相符的味道之後，接下來每次品飲咖啡都會聞到巧克力和堅果味，喝起來也都有苦味。你很快就會注意到，沒錯，喝咖啡時鼻子聞到咖啡味，口中會嘗到苦味，這個味道與香氣是相符的。

鹽（鹹味）、咖啡因（苦味）、糖精（甜味）、味精（鮮味）、檸檬酸（酸味）等化合物的味道都很濃，但沒有香氣，所以配對品嘗可能會有意外驚喜。而我發現，意外之處通常來自潛藏的酸味。某些甜點和雞尾酒聞起來有櫻桃和香草的香氣，口味卻帶有一抹濃烈的酸味，或許不減美味，但香氣和味道確實不相符。

這就是你的第一次品嘗了。追根究柢，是一個是非題：香氣與味道是否相符？

接著來談談口感品嘗。**口感**（mouthfeel）是一個很兩極的術語；有人覺得這個用詞感覺很像術語，或者有點做作，但我之所以使用口感而非**質地**（texture），是有原因的。質地是外觀看得到的（別忘了，質地是法式擺盤的三大原則之一！），例如看起來很酥脆，或是看起來有奶油感。當我們折斷時，可能會感覺很酥脆或是很奶油，但是在將食物送進嘴裡之前，我們無從得知口感。人類的牙齒可以感知直徑僅十微米的細小顆粒；十微米是什麼概念呢？人類頭髮的直徑是七十微米，由此可見十微米有多小了。嘴巴感覺到細小顆粒時，我們會覺得大概有沙粒那般大小，但即使是再怎麼細的細沙，大小也有六十微米。

質地看起來像奶油般潤滑的布丁，口感卻可能沙沙的，因為肉眼可見的大小極限約為四十微米，所以我們可能無法看到某些顆粒，但是在口中卻可以非常清楚地感覺到。這就是口感品嘗要用口感一詞的原因。

那麼，到底什麼是口感呢？口感是品嘗時的體感（或感覺）元素，也就是壓力、疼痛或溫度等身體感覺對於味道的影響。

要分析口感，有一個很好的入門練習方法，那就是逐一品嘗不同的牛奶，例如評估脫脂牛奶和全脂牛奶之間的差異；如果你勇於嘗試，還可以跟鮮奶油比較看看。若你不能食用乳製品，可以嘗試比較替代性乳品（比方說杏仁奶）的基本版以及「咖啡奶精」版本。兩者都稱得上口感柔滑或有乳脂感，但全脂版本會更綿密，感覺更厚重，會覆蓋在你的舌頭上和雙頰內，吞嚥後過了幾分鐘仍然感覺得到。這兩種牛奶之間的明顯差異不在於味道或香氣，而是在嘴裡的感覺。

享用丁骨牛排時，當脂肪在溫暖的舌頭上融化，也會產生這種彷彿糖漿覆蓋的感覺，帶來高級奢侈的口感。這種差異，也存在於讓人心滿意足的冰淇淋和剛入口就消失的冰淇淋之間，後者的成分中通常含有比較多的空氣。

試喝牛奶是比較口感輕重的好方法，不過要評估觸覺的話，不妨試試氣泡水。你可以用兩種不同品牌的氣泡水來做比較，如果買得到的話，我推薦用 San Pellegrino 和 LaCroix

這兩個牌子的氣泡水來練習。San Pellegrino 的碳酸化效果很細緻，舌頭上會有麻麻的刺痛感。相較之下，LaCroix 的氣泡大而凌亂，感覺比較像跳跳糖那種充滿彈跳感的氣泡，而不是香檳冒出的細小泡泡。留意這種舌頭上的觸覺差異，可以讓你注意到更細微的差別，例如黏滯的蜂蜜與滑順的蜂蜜有何不同。

檢查品嘗物的口感時，請比配對品嘗時稍微小口咬下或啜飲，預留在口中移動的空間。在最初的幾秒鐘裡，請將品嘗物保留在舌頭上，並注意它停留的狀況。有融化嗎？有改變形狀嗎？有沒有碳酸氣泡從舌頭上彈起來？還是形狀始終沒變？接著，請將品嘗物在口中移動，留意它是像法國長棍麵包的硬皮碎屑一樣銳利，還是柔滑而緻密。最後，就是咀嚼或咬嚼（隨你愛用哪種說法！）。你品嘗的東西是如何碎裂或是變成糊狀？是否出現了超乎預期的新口感？那有可能像蠟質巧克力中的奶油內餡一樣明顯，也有可能是像蘋果上的糊狀斑點般不易察覺。

將口中物吞下（或吐出），並吸入空氣，經過舌頭和臉頰。這種氣流將會強化口腔內清涼或溫熱的感受。若有刺痛感，可能表示含有酒精或辣椒素（辣椒中的辛辣化合物）。有位波本威士忌品鑑大師曾經告訴我：「吸一口氣，感覺越刺痛，就代表酒精濃度越高！」清涼感通常與薄荷醇有關，不過還有其他化合物可以活化負責清涼感的 TRPM8 離子通道，例如桉葉油醇，以及肉荳蔻中的某些化合物。

以下是可能會用到的一些形容口感的術語：

澀味，又稱為「單寧」，喝到沖泡過久的紅茶或口感很乾的紅酒時，就會覺得乾澀澀的，感覺就像唾液被從口中吸出來，讓嘴巴變得非常乾燥，實際上也確實是如此！單寧多酚會凝聚唾液，並將唾液從舌頭和臉頰內側抽走，讓口腔感覺乾乾的。

黏度，字面上是指流體流動的阻力程度。品酒時，你會經常聽到有人說「黏度中等」或「黏度很高」。這個術語聽起來煞有介事，不過其實就是在形容液體流動的情形。低黏度液體的稠度就像水那樣；高黏度的液體則像糖漿一樣，流動及擴散比較緩慢。

口感不易形容，尤其是當你剛開始嘗試評估口感時。以下是一些比較平易近人的用語，你可能有機會聽到或用到：

- 稀薄的、水狀的、糖漿狀的、乳脂狀的、黏稠的、厚重的、輕盈的；
- 包覆感、蠟質感、糊狀、膠狀；
- 絨毛感、皮革感、堅韌的、有嚼勁的；
- 刺刺的、乾燥的、粗糙的、單寧感；
- 刺麻感、刺痛感、氣泡感；

• 熱的、清涼的、溫暖的、涼的、灼熱的、冰冷的、麻木的；
• 柔軟、絲滑感、絨面感、柔順感；
• 脆的、鬆脆的、硬的、變味的、白堊質感、粉末狀、易碎的；
• 黏的、濃稠的、柔滑的、黏稠的

啜飲／試味步驟的最後一個階段，是餘韻品嘗。評估餘韻時，請先咬下或啜飲不多不少的一口，然後咀嚼或漱口，讓品嘗物覆滿口中，接著吞嚥並輕輕呼氣。等待五到十秒鐘，期間不要喝水，也不要接著下一口。先觀察哪些味道持續存在，持續的時間又有多久。你可能還會注意到口感改變，或是出現新的感覺，尤其是麻木感或辛辣灼熱的感覺。

餘韻可以讓你進一步了解品嘗物的特性。在不同的領域，各有通用的餘韻規則。以清酒來說，悠長的餘韻和快速消失的餘韻都是可以接受的，但後者更難達成，通常表示生產者技藝高超。在葡萄酒中，餘韻從口中迅速消失代表是機器製作的；遇到餘韻短暫的情況，我們會用「短促」（short）這個負面術語來形容。葡萄酒若被形容為「太短促」，表示沒有餘韻，會被判定品質較差。如果你吃到的牡蠣帶有悠長而苦澀的餘味，代表可能是在繁殖季節捕獲的；這種牡蠣對人無害，只不過不是你原本想吃的美味海鮮罷了。金合歡蜂蜜的餘韻應該是甜美而乾淨的，但季尾的蜂蜜總是有一種淡淡的苦澀餘味。整體來說，關於餘韻，最需要注意的是你享受的程度。

你在試吃或試喝時或許一開始感覺不錯，但是停頓五至十秒後，你可能會忍不住伸手去拿水杯，好洗去苦味和礦物質的味道。看吧，這就是為什麼我們在評價風味時不能忘記餘韻！餘韻可以改變我們對品嘗物的整體感受。

總而言之，在啜飲／試味這個步驟中，你會留意到味道是否與品嘗物的香氣相符、口感如何，以及餘味長度和整體帶來的愉悅感。

吐出／吞嚥

品嘗不是食用。兩者當然有關係，但食用意味著會吞嚥。而品嘗，有時未必要吞嚥，特別是在連續品嘗許多相同食物的情況下，或者食物的熱量偏高或有醉人效果時，若是吃太飽、喝醉或受到咖啡因影響，都會讓品嘗難以繼續。所以我們會吐掉，或者如奧勒岡州波特蘭郊外提拉木克（Tillamook）的起司品味師所說的「吐出」（expectorate）。品管實驗室的地板上設有吐桶，可以讓實驗室的技術人員用腳操縱開關。「沒錯，只要有一點經驗，任何人都可以用優雅的方式吐出。我們甚至不會注意到別人在吐東西。」

沃德幫我準備好第一口要喝的威士忌。「威士忌的第一口是種洗滌；你只會感覺到一股酒精，」他說，「基本上你可以先喝一口而不用多想，因為你要做的就是適應這種酒精。」現在，如果你周圍有吐杯（或不太優雅的吐酒桶），就可以把酒吐掉了。由於第一口品嘗不需要感受什麼風味，把葡萄酒或烈酒吐掉可以避免喝下多餘的酒精。畢竟我們是要品酒，不是拚酒！

如果你要在別人面前吐掉，應該先練習一下。放在水槽裡的碗就是個很好的練習目標，讓你熟悉如何瞄準，還有掌握吐出時的速度。請記住，練習時不用喝很大口，中等份量即可。我最近聽到有人在洗澡時吐水來練習，蠻好笑的，而且老實說是個不錯的點子。你可以把洗髮精的瓶子或排水孔等等當成目標，假裝那是吐杯。

多練習幾次，你就會找到訣竅。我的做法是：把嘴唇噘起來，變成橫向的「○」的形狀，而不是○的形狀。我覺得○形時吐出的酒液會太猛烈，意思就是容易濺起，也就是說，會弄得一團亂。

在你吐出酒液之前，先想像有股美妙的水流從嘴裡飛流到碗裡，接著稍微用力，吐出液體。在水流完全結束之前，絕對不要讓嘴唇放鬆下來。吐完酒之後，我會繼續噘著嘴唇半秒鐘，那是為了避免滴水造成麻煩——有時最後幾滴會從下巴流下來，運氣差一點還會滴到襯衫上。這就是為什麼我們需要練習：避免滴下來，也避免在品酒時喝得醉醺醺。在品酒活動中使用吐酒桶可能會感覺怪怪的，但不要因此而不吐掉酒；使用吐杯並不是丟臉的事。

懂得如何吐酒很重要，不過吞下也有一些好處。其中最重要的是，喉嚨後方、食道內壁和腸道中都有味覺受體。食物或飲料離開口腔後，我們其實仍在品嘗。其次，吞嚥動作是最能將香氣化合物沿著鼻後通道推向嗅覺上皮的方法之一。不過，如果你不想吞嚥，還是有產生鼻後作用的辦法。道爾頓說：「吞嚥可以帶來很多鼻後香氣，但如果有人不願意吞嚥，可以改為攪動嘴裡的東西，讓一些香氣分子往鼻後通道移動。」

每位品嘗者都必須根據自己品嘗的內容和地點來決定怎麼做。理想情況下，每種你都應該至少吞一小口。某次在一場龍舌蘭品酒會上，有位調酒師告訴我，他把口中的龍舌蘭吐掉四分之三，只吞下最後的四分之一，為的是體驗這款酒「下肚」時的感覺有多暢快。完成最後的吐出或吞嚥之後，這套方法的品嘗部分就宣告結束了。

坐下來總結

經過剛才的六個不同步驟，你已經收集了品嘗物的許多資訊。但如果沒有第七個步驟，前面的六個步驟就毫無意義。到了總結的這個時刻，是要回顧我們感知到的種種、如何與我們的餘生相合，以及我們將如何記憶那些風味。這個步驟很簡單：停下來想想你嘗到的味道，歸入你的風味記憶庫（我們將在下一章中細談），然後簡單地陶醉於這一次的品嘗體驗。這種品味方法其實是要讓你花上幾秒鐘，從不同的角度觀察世界。

我們可以坐在一起同時進行前面的六個步驟，各自判定我們品嘗到什麼。而第七步是隨之開展的對話——討論我們的感受，以及我們個人的風味世界與他人有何異同。有時候，這些對話感覺就跟算命差不多。我們都同意咖啡嘗起來像巧克力，因為它帶有巧克力味很正常。不過有時候，當你聽到有人準確無誤地描述出你嘗到的東西時會猛然一顫，可以深切感覺到那有多真實貼切。在我的課堂上，很多學生才剛開始學習分辨自己品嘗到的風味，他們會嗅聞、旋轉、啜飲又嗅聞，猶豫著不確定要說什麼。像「焦糖」和「烤麵包」這樣的形容會得到禮貌性的小聲支持，但不會得到真正的認同。最後某個人小聲地說：「嗯，好像是醬油？」班上其他人紛紛應和：「對！沒錯！是醬油。」就像集體呼氣一樣，彷彿有那麼一瞬間，我們是用心電感應在交流。我們會非常確定，彼此的隔閡比最初想像的要少。只要啜飲（並聞一聞！）啤酒，就能獲得這種共同啟發的瞬間。

不見得每次品味都能有這樣的時刻出現，但可以確定的是，如果不暫停一下、坐下來總結，這種時刻就不會發生。也不是一定要有同伴，才能有充滿啟發性的總結步驟。你可以在喝完一杯好茶後獨自坐著，思考它與你以往喝過的茶在味道上有何關聯，就像冥想一樣。認識你吃的橄欖生長在什麼樣的樹林，並透過風味將地理位置與你的開胃小點連結起來，可以讓美食體驗更上一層樓。坐下來總結，能讓這套品味方法的前六個步驟格外有意義。回顧一下，為了充分欣賞並理解眼前的食物，你所做的事情有：確認周遭環境中可能干擾品味的因素，或者在可行的情況下選擇餐具、食用溫度和處理分心事物（準備環境）。你觀察自己面前的物體有多麼美麗，並檢查它是否可能藏有缺陷（觀看）。你隔著一段距離聞、邊轉動邊聞、短促地聞、深吸一口長氣地聞，還有用鼻後嗅覺聞（嗅聞）。當你叉起第一口、旋轉或折斷它時，又是一次觀察的機會（旋轉／折斷）。最終，你才品嘗到它的味道。你咀嚼或攪動它，觀察它的口感，並留意餘韻（啜飲／試味）。你把最後一口吞下或吐掉（吐出／吞嚥），接下來，該回想你所做的一切了。

「有時我會聞到一些氣味，就像蒸餾器的指紋一樣獨特，」沃德說。他在品味威士忌時，會與他知道的所有威士忌和以往品嘗過的其他烈酒相互比較。對沃德來說，有葡萄果凍和乾花生皮的味道，代表那是野火雞（Wild Turkey）酒廠出品的威士忌。如果是渥福（Woodford Reserve）酒廠出品的威士忌，通常比較乾淨明確。「但有時你必須坐下來省思，統整所有的線索，想想：『好吧，這裡缺了什麼？』」

沃德覺得年份較少的威士忌帶有樟腦丸和麥芽玉米漿的味道，所以若香氣中沒有樟腦丸味，就表示這瓶威士忌有點年份了。出現巧克力味或濃郁的花香，代表大麥麥芽的比例很高。若威士忌「嘗起來像幾乎燒焦的糖晶一樣口感鬆脆」，應該已經陳釀了二十多年。沃德心裡有一份像這樣的差異比較表，而你最終也會有一份自己的比較表。開始嘗試品味時，不妨在過程中寫下筆記，這樣就可以快速瀏覽，無需將所有風味都牢記在心，對你會有不少幫助。

沃德完全不使用享樂性質的描述語；在大多數情況下，他會避免描述一瓶威士忌或龍舌蘭的好壞。他不會稱讚某瓶酒好喝，他會說：「這就是我的酒吧裡該有的東西。」這是一種個人性的決定，而不是絕對的品質評判。「品嘗很主觀，無一例外。我對這款威士忌的印象，跟你的會完全不同。」

坐下來總結的意義，就在於記住這一點。這個步驟不需要揀選出你品嘗到的元素或品評高下，而是要花一些時間專注於你面對的風味，這些風味在當下對你產生的意義，以及你想要捕捉其中的哪些部分，在餘生中保留記憶。

七十二小時過後，我、沃德以及他一群熱愛威士忌的朋友，在肯塔基州路易斯維爾郊外一家廉價酒吧裡，圍在桌邊站著聊天。他們正在談論選桶（barrel pick），那是威士忌愛好者圈子的聖杯，就是一群人與生產商或調酒師合作，挑出一桶威士忌，整桶包下並以客製化的方式裝瓶。

世界頂尖威士忌品酒師大賽已經結束了。沃德沒有獲勝，但也不是最後一名。跟其他競爭對手、威士忌調酒師及他們的同事站在一起時，我注意到大家都在嗅聞自己的飲料。我大概是生平第五百次喝 Yuengling 雲嶺啤酒了（我確實是在費城郊外長大的），但我還是要了一個杯子把啤酒倒進去。我旋轉著酒液，一邊小口小口喝著，一邊將杯子舉到鼻子前嗅聞。我看到有些人在喝威士忌或葡萄酒時噘起嘴唇，好吸入氧氣。沃德則跟我一樣，吞嚥後會往上顎輕輕吐氣。我覺得比起現打的口感，我更喜歡瓶裝的雲嶺，因為口感比較刺麻，氣泡會伴隨著輕微的啵聲破裂，不像桶裝啤酒只有微微的氣泡感。

大家已經結束關於上次選桶的回顧，轉而討論蒸發率以及對熟成威士忌的影響。

「影響風味？發酵就是風味的來源，天使的分享[譯註]並不會改變發酵狀況！」

「但酒桶的特質會蓋過去，你們聞聞，聞聞看。」沃德的一位組員伸手越過桌子。

「如果是透過一堆香草，聞起來會是這樣嗎？」

我們每個人都聞了聞那杯威士忌，判斷橡木桶的香草味是有益還是有害。我們身後的另一群人正在喝瓶裝和罐裝啤酒。我有點希望自己能向他們說明，將啤酒倒入塑膠杯中喝起來味道會好得多，每一口都能聞到充滿啤酒花或純粹麥芽的味道。但我也意識到，並不

譯註 angels' share，威士忌酒廠裡常聽到的術語，是指威士忌在橡木桶中慢慢成熟時，會有少量酒液透過木材的毛細孔蒸發，被形容為貢獻給天地。

是每種飲料都要喝得這麼鄭重其事；也有一些飲料就是適合隨意暢飲。

就在這時，巴茲敦波本公司（Bardstown Bourbon Company）的活動主辦者想邀請所有參賽者一起為自己的努力乾一杯。

「不，不，我們沒有要用波本威士忌乾杯，」他說，「波本不適合拿來乾杯，我們用夏多內白酒乾杯吧。」

他說完，調酒師就幫酒吧裡的客人們各倒了半杯白酒。參賽者們一齊為威士忌品飲舉杯，將手中的夏多內白酒一飲而盡。這一杯，沒有人特意去嗅聞、旋轉、啜飲或總結。

5

收集風味、參照依據和自然反射

「都沒有人吐掉酒液，真是難以置信！」漢斯驚嘆不已。

「我知道，」我笑著說，「酒杯旁邊那些吐桶，看起來簡直是在拜託誰趕快來用一下。」

我在巴茲敦波本公司舉辦的世界頂尖威士忌品酒師大賽中結識了洛根・漢斯（Logan Hanes），很快就開始大談酒經。我們都認為評審在品酒比賽前的演講有點太浮誇、太矯揉造作了。我們都覺得品味無關乎哲學。

「如果你想得太多，想要記住太多，就會什麼都品嘗不了。」漢斯說。

漢斯是肯塔基州一家釀酒廠內部品評小組的成員，這家釀酒廠以極具收藏價值的威士忌和波本威士忌而聞名。

漢斯回憶自己決定應徵品評員時的情況，他說：「當時我並不知道自己能不能成功，

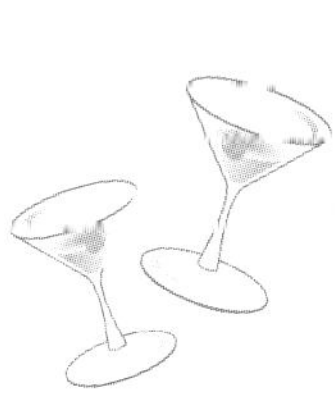

我只是想，就算沒應徵上，至少可以喝到一些特別的威士忌。」

多年來證明，他的嗅覺和味覺相當出色，能夠分辨出哪些酒桶的內容物是真正的絕品、不負釀酒廠的品牌聲望，哪些酒桶的內容物則平凡無奇——這些酒桶中的威士忌會用來調和，製作成仍然美味但沒那麼稀有的波本威士忌。漢斯和其他品評員必須保持極為敏感的感官，即使是最微弱的異常風味，或幾乎難以察覺的口感變化，他們都得敏銳地辨識出來。畢竟，買方會以幾百到幾千美元不等的價格，購買一瓶放在酒吧裡展示的酒。臻於完美不是目標，而是必要條件。由於影響重大，像漢斯這樣的品評員必須通過為期好幾個月的試用，才能進入品評小組。

在第一次測試中，前來應徵的品評員要面對四十到六十杯的水，裡面分別是不同濃度的五種基本味道。有些杯子裡的液體甜到堪比南島冰茶；有些杯子裝的幾乎純粹是水，只有一絲苦味。這算是「入門等級」的測試，可以直接從應徵者中篩選出味覺本就很敏銳的人。通過第一階段的應徵者，則要繼續挑戰識別特定的風味，例如薰衣草或皮革；這或許也是在默默測試應徵者對於各種重要的化合物是否有氣味盲（我們在第二章中討論過）。通過這些測試的入圍者，就可以參加為期六個月的培訓計畫。

漢斯和我對於品嘗與風味有不少想法很相近，我猜想他接受過的訓練應該跟我差不多，但他是在肯塔基州工作時學到這些，而我的起點則是在聖地牙哥的一間會議室，參加由比爾・辛普森博士授課的五天密集課程；辛普森博士是卡拉科技公司（Cara Technology）的創辦人，專門為食品與飲料品牌培訓專業品評師。根據我們自身的經驗和訓練，漢斯跟我都知道，想成為一名優秀的品評師，不能接受藝術家式的訓練——而是要接受像狗一樣的訓練。

在甘迺迪機場的國際航廈，旅客常會遇到一群長相可愛的米格魯獵犬。上次在行李提領處，我將行李箱從傳送帶拉下來時，有隻米格魯獵犬聞了聞我的行李箱。牠身上穿著代表工作犬的背心，所以我不能鼓勵性地拍拍牠、稱讚牠「好孩子」。我帶了酒瓶和裝香檳開酒刀的木盒回來，行李可能有這些東西的氣味。幸運的是，這隻身負任務的狗兒要檢查的不是這些虛有其表的武器。牠隸屬於美國農業部僱用的「檢疫犬隊」（Beagle Brigade），負責檢測違禁產品，阻止違禁品進入美國。這些經過專業訓練的米格魯獵犬，是我們抵擋非洲豬瘟等高傳染性疾病的最後一道防線，能避免這些疾病摧毀美國豬肉業。先前有一隻米格魯獵犬在亞特蘭大機場聞出有人非法攜帶烤豬頭，因此登上頭條新聞，跟我遇到的這隻說不定是同事。

無論是不是豬肉，牠要找的東西，看起來應該是在我身後幾公尺處的一個銀色行李袋裡。牠伸出腳掌牢牢壓住那個行李袋，堅定地保持幾秒鐘，又忍不住興奮而站起來猛搖了幾下尾巴，才再次冷靜地坐下來，把腳掌放回行李袋上。

我不想一直盯著他們看，所以我不太確定狗兒和牠的訓練員之間接下來發生了什麼，但我大概有點概念。牠的興奮來自於對獎勵的期待。偵查犬追蹤目標的氣味，不是因為對辨別氣味感興趣。牠們之所以會熟練地尋找特定毒品、農產品或受困雪堆的遇難者的氣味，是因為只要找到目標，就可以得到獎勵。獎勵可能是心愛的訓練員給予的零食或讚美，也可能是牠們熱愛的好東西，例如玩接球或拔河的機會。

這些狗兒展開成為專業嗅探犬的訓練時，是從簡單的基礎練習開始。訓練員一手拿著零食，另一手拿著裝有氣味的容器，只要狗兒離開訓練員拿著零食的手，嘗試去嗅聞氣味刺激物，就會得到零食和鼓勵語句作為獎勵。他們會不斷重複這樣的練習，直到狗兒明白帶來獎勵的不是零食的香氣，而是刺激物的香氣。根據美國犬業俱樂部（American Kennel Club）的說法，訓練師最重要的職責，是在狗兒辨認出氣味的時候馬上給予獎勵。美國犬業俱樂部的氣味工作指南規定：「你必須在狗兒一聞到氣味源頭時就餵食。」隨著訓練持續推進，刺激物會從訓練員的手上改到地上、再改到房間的另一端，最後會藏到狗兒必須仔細搜索才能找到的隱密空間。

「在訓練狗兒成為嗅探犬時，你不會問牠說：嘿，狗狗，聞到這個味道時你會想到什麼？」以 AROXA 品味師培訓技術指導我和兩萬五千多名專業品味師的比爾・辛普森博士說。「你不會這樣問，你只會給予刺激，並在牠們答對時予以獎勵。這個回饋循環，會讓牠們的表現越來越好。」

這就是辛普森用來訓練品味師的理論，也是 AROXA 課程與傳統品味培訓課練習差異很大的原因。我們很少去討論自己品味的到底是什麼東西，整套訓練的形式比較接近訓犬的過程。首先，我們要熟悉刺激物的香氣，等到能夠辨識這股味道時，就可以得到「獎勵」，也就是每次辨識成功時獲得的短暫自豪感。

在這樣的品味師培訓中，會使用隔絕的風味化合物作為刺激物的香氣；這些風味化合物常被稱為參照標準、添加標準品、描述性風味、香氣化合物、參照添加品、風味品鑑訓練套件或標準分子，名稱根據你的產業或專業而異。有一些標準品是可以食用的，例如辛普森發明的就是如此。他採用奈米技術封裝純粹的風味化合物，因此無需在其中加入穩定劑。這些純風味標準品裝在膠囊中，外觀就像藥局裡賣的藥丸。其他參照標準品則會放置在酒精、油或甘油中，以達到穩定的效果。有些標準品會裝在嗅聞瓶中，例如熱門的 Le Nez du Vin 香氣組系列（Le Nez du Vin 意為「葡萄酒之鼻」，不過與名稱相反的是，這系列也有為葡萄酒以外的介質推出標準品，包括咖啡、波本威士忌、雅馬邑白蘭地和標準香氣）。其他風味標準品，尤其是使用酒精來隔絕的，除了可以聞，也可以食用。

就像狗兒的訓練方法一樣，辛普森首先讓我們將刺激物的味道和香氣跟名稱和含義連結起來。他會將特定化合物放在我們的鼻子前，讓我們嗅聞、旋轉及品嘗，同時一邊描述這種化合物的起源和常見的關聯。事實上，辛普森在這堂課教的品味方法，跟我在第四章討論的方法很相似。你可以想像我和同學們用各種不同的方式嗅聞這些化合物、從鼻子呼氣、捏住鼻子、啜飲、再從鼻子呼氣，過程伴隨著辛普森的講評。我們不斷對每一種參照化合物重複這樣的過程，去熟悉刺激物的氣味；其中有些化合物很好聞，像是香草和乙酸異戊酯（香蕉的果香味），也有些香氣不怎麼討喜，例如硫化氫（臭掉的蛋味）。

對我來說，這堂課中最難忘的化合物就是大馬烯酮（damascenone）。這種味道不太常見，有時會出現在啤酒中。辛普森告訴我們，品味師經常將這種味道與漿果、紅茶或燉煮水果連結起來。然而當我聞到它的味道時，我覺得那正是罐裝蔓越莓汁的味道（特別像去佛羅里達海邊過春假時會買到的那種罐裝蔓越莓汁，大家會在黏黏的吧台桌面上倒進用塑膠杯盛裝的伏特加裡，混著一起喝）。辛普森滔滔不絕地談論大馬烯酮，強調這種化合物的含量取決於啤酒的成分。我聞了聞蔓越莓味。他說，大馬烯酮放得越久，濃度越高。我嘗了嘗蔓越莓味。當他指出大馬烯酮可以令人感到愉悅時，我想起了果香味和春假的回憶。大馬烯酮。蔓越莓味。聆聽。嗅聞。記住。接下來，我們得在沒有說明解釋的情況下默默品味。他給了我們幾個沒有記號的杯子，而我們必須辨識出每個杯子裡添加的風味。我以為我得慢慢習慣這種測試方式，應該會有個學習曲線。但沒想到，在第一次的測試中，我就正確辨識出每個杯子的風味。而且在品味其中幾杯的過程中，我腦海裡甚至響起了辛普森大聲說出那種化合物名稱的聲音。

漢斯和威士忌品評小組的受訓組員也進行過類似測試，但他們研究的是極為相似的風味，相似到大多數人都會以為是相同的。他如何學會分辨陳釀八年的波本威士忌和陳釀十五年的波本威士忌呢？關鍵在於反覆練習。他會反覆品嘗同樣的威士忌，包括跟已經是正式品評員的導師一起品嘗、獨自品嘗，還有和訓練師一起品嘗。他會分別品味酒在瓶中陳釀後的味道、在桶中陳釀後的味道、用水稀釋後的味道，以及被汙染後的味道。最後，就是在測驗中品嘗這些味道。受過訓練的品味師，幾乎都是透過這種方式練出一身本領。他們對同一組風味目標重複同樣單調的練習，直到非常熟稔這些風味，熟稔到辨識風味不再像是猜謎遊戲，而是一種自然反射。漢斯一遍又一遍地練習，直到可以靠鼻子通過所有測試，包括棘手的三角試驗。不同於我在辛普森課堂上接受的標準鑑別試驗，三角試驗不是要辨認某一種風味，而是要辨識兩種風味之間的差異。這種試驗會用到三個杯子，其中兩個杯子盛裝相同的液體，剩下那一杯裝的液體則有細微不同。品味師的工作就是挑選出有所不同的那一杯。這件事情可比想像中要困難得多！你不妨用兩杯百威淡啤酒和一杯酷爾斯淡啤酒來試試，或是用一杯百事可樂搭配兩杯可口可樂來比較看看。兩片 Wheat Thins 全麥餅乾搭配一片低鈉 Wheat Thin 全麥餅乾，也是相當困難的測驗。而漢斯要面對的考驗，遠比這些例子困難得多。

漢斯回憶道：「每一項試驗，無論是三角試驗、鑑別試驗、汙染試驗還是嗅聞試驗，都是用黑色杯子進行，確保我們只能依靠鼻子和味覺來判斷。」如果他有任何一項未能通過，釀酒廠會謝謝他的參與，但他從此無法繼續參加小組訓練。

吉安・路易吉・馬卡贊（Gian Luigi Marcazzan）擁有來自世界各地的學生，不遠千里前來義大利向他學習。學生們要花三到五天的時間，完全沉浸在單一花種蜂蜜的感官體驗中。就像漢斯跟我一樣，這些學生每天都在嗅聞及旋轉蜂蜜，討論自己聞到的氣味，以及蜂蜜的哪些生產環節有可能產生這些氣味。馬卡贊擁有十八種不同的蜂蜜，全都是蜜蜂從同一種花採集釀造的。

「有些蜂蜜非常不一樣，你可以聞到其中的花香，但也有些蜂蜜幾乎分不出來。要辨識出差異，唯一的方法就是重複、重複、再重複。」馬卡贊這樣告訴我。上課期間，他的學生每天要品味蜂蜜長達七個小時。

「要描述不同的特徵很困難，因為我們能感知的氣味比語言能描述的還要豐富，」他補充，「所以要重複、重複、再重複，直到你非常熟悉蜂蜜，甚至不需要用語言來描述，你就是認得。」

經過這樣一番訓練，當你聞到某款波本威士忌，馬上就能脫口而出它的品牌名稱，那就像被醫生用橡膠錘敲打膝蓋時腿會彈跳一樣，是自然反應。在本章的最後，我會簡單介紹如何在家中重現某些可重複練習的味道，讓你建立實用的風味參照資料庫。

「到後來，我在酒吧裡一聞就知道酒保倒給我的是不是我點的牌子，」漢斯說，「那是我唯一覺得自己很跩的時候。基本上，我知道我付了一杯 Rock Hill 的錢，但酒杯裡卻沒有那款酒。」

要非常認真練習，才能對自己的品味技巧建立足夠的信心，甚至超越對調酒師的信任。這間波本威士忌釀造廠擁有超過兩百年的聲譽，獲獎無數，要進入他們精挑細選的品評小組，必得要有這種程度的信心，並真正了解自己的風味參照資料庫，才能獲得信賴、取得品評員資格，成為維護釀酒廠商譽的一員。

你可能不需要那麼熟悉風味的參照依據，畢竟沒有人把商譽押在你的品味能力上——至少現在還沒有。不過，建立個人的風味參照資料庫仍然是覺察品味的最大回報之一，而且也不見得要那麼嚴格死板。事實上，這件事情絕對可以令人愉快興奮。回想一下小時候第一次收藏東西的時候吧，也許是從後院採摘的鮮花，又或是自家附近撿來的石頭；無論是什麼，發覺自己可以收集一些小東西，建立屬於個人的收藏，都很令人印象深刻。你可以研究每件物品，觀察相似和相異之處，判斷哪些東西真的獨一無二，哪些只是蒐集品的一部分。成為收藏家之後，每次走路去學校，都是增加小石頭收藏種類的好機會。沒多久，你就會有一個裝滿寶貝的鞋盒，可以跟來家裡照顧你的臨時保姆炫耀。收集風味也是這樣；即使是平凡無奇的餐點，也能成為讓你拓展收藏、獲得樂趣的機會。

露絲．賴舒爾（Ruth Reichl）在《千面美食家》（*Garlic and Sapphires*）一書中描述某次與一位自認是葡萄酒專家的男人共進乏味的晚餐，她很快就因對方與侍酒師過於矯揉造作的互動感到惱火，不過用餐到一半時，他閉上眼睛啜飲葡萄酒，賴舒爾的看法也跟著發生了變化。男人快速地抿了一小口，開口分享他感覺到的味道：「紫羅蘭，銀質，在森林中潺潺流淌的清涼小溪，陽光照在水面的樹葉上，波光粼粼。」這位晚餐對象接著解釋，他想要「在心裡建立一本可以隨意回顧的葡萄酒百科全書」。

原本讓賴舒爾覺得萬分無趣的晚餐，突然有意思了起來，她聽著他繼續說下去。

「第一次品嘗時，我喜歡集中注意力，讓畫面自然浮現，這樣可以幫助我記憶。你不妨也試試看。」

賴舒爾閉上眼睛，抿了一口酒。「葡萄，」她心想，「夏多內白酒，有一點橡木味。」

很明顯，這個男人已有充分的練習經驗，懂得如何捕捉葡萄酒中的風味，並以自己的風格表達。賴舒爾對於這方面經驗較少，她分析風味的方式主要著重在區分葡萄酒，而不是著墨具體特質。這兩者沒有對錯之分，而賴舒爾在不斷練習之下，也可以建立描述葡萄酒風味的特有風格。這個與賴舒爾共進晚餐的男人，或許會讓人覺得有點跩，但他看起來確實很喜歡為自己心裡的葡萄酒百科全書納入不同的風味。其實，不必表現得很跩，而且感受風味應該要是有趣的事情；這就是為什麼我不喜歡用百科全書的概念來收集風味。使用品味方法來為生活增添新風味，多少會有新鮮刺激感。但誰會因為在百科全書中建立新條目而感到興奮呢？在一本布滿灰塵的參考書中多加一頁，並沒有什麼鼓舞人心或令人振奮之處。在我看來，專屬自己的品味參照依據並不像百科全書，而是跟衣櫃比較類似。我們的衣櫃裡至少會有幾件可以在特殊場合穿的精緻衣服，也會有收藏已久、求好運時會穿上的舊運動衫。如果你跟我一樣的話，衣櫃裡應該也有一些不太能帶給你樂趣的東西。說到這個，我就會想起一件價值不斐卻小了半號的洋裝。在個人風味之旅中，你也會遇到像這樣不合心意的東西，遇到難以接受、若是可以寧願不要品嘗的風味，但那些也曾成為風味參照資料庫的一部分。有衷心喜愛的，也有平凡無奇的，衣櫃就是集合了這些不同的衣服，才能展現出個人風格；甚至連整理排列的方式也能表現出你的特色。每次品嘗或聞到新東西，你都可以藉機擴大心中收藏風味記憶的衣櫃。除了能吃喝的東西，即使是不能食用的風味，也可以納入風味記憶。花朵（例如濃郁的香水百合）、風景（剛下在鄉間小路上的雨）和情境（爬上鋪著乾淨床單的床），都值得在感官記憶庫中占有一席之地。當然，你無法將整套品味方法用在剛洗好的衣服上，不過只要說出你聞到的氣味名稱，同時觀察周圍環境，加上幾次仔細嗅聞，就足以將這股氣味收藏到內心的風味參照資料庫中。

從餐後糖果的薄荷味，到卡車休息站的強烈汽油味，都可以是風味記憶；要好好掌握這些記憶，就必須在心中分門別類。每個人都會用不同的方式和邏輯，來分類及記憶風味。是的，就跟整理衣櫃一樣。或許是根據季節或袖子長短來分類；或許是把所有東西都依照顏色區分，將紫色背心、紫茄色毛衣和紫紅色褲子放在同一個類別中；又或者把所有上衣都放在左邊，所有下裝都放在右邊，中間是洋裝，而那件太緊的小禮服就塞去後面。

關於我自己的風味衣櫃，我是根據在這世界上可能接觸到風味的地點來分門別類，所以會分成香料櫃系風味、麵包店系風味、草坪系風味、森林系風味和動物園系風味。（你覺得不需要動物園系風味嗎？不妨聞聞藍紋起司後再想一想。）

剛開始收集風味記憶時，只需要用幾個基本類別來歸納。我的學生們喜歡用老掉牙的飲食金字塔概念來分類：水果、蔬菜、脂肪、麵包和穀物、乳製品、肉類和堅果。或許這種方式也適合你。久而久之，你的收藏品會越來越多，可能會有需要歸類香蕉味和人造香蕉味（如香蕉糖）的時候。或許你覺得這兩者都屬於水果；或許你認為一個是天然風味，另一種屬於人造風味；又或許你覺得這兩者都該歸到黃色這個分類。在下一章中，我們將會探討顏色和風味之間的關聯。

你可以在收集到風味時就建立類別並分類歸納。這樣一來，如果共進晚餐的對象問起你在葡萄酒中嘗到什麼，你可以到記憶中的「植物」區域找出**天竺葵**或**玫瑰**，就不會只說得出典型的回答**葡萄**。了解別人如何歸納風味記憶或許能帶來靈感，讓你擺脫原本的類別架構，重新建構分類。與其他人一起品嘗有不少助益，這點正是其中之一。集體品嘗可以擴大你的詞彙量，亦可能改變你對某種菜餚風味的看法。就算只是跟其他人討論莎沙醬這麼簡單的事情，倘若是跟對的人，也能讓你大開眼界。在等待瑪格麗特雞尾酒和主菜送來的同時，不妨請大家都嘗一下莎莎醬，分辨其中最強烈的是什麼風味，並跟其他人分享你的看法。每個人的味覺感官有差異，所以各人認為最明顯的成分，可能是辣椒、洋蔥或萊姆，也可能是奧勒岡葉。（許多傳統食譜是使用奧勒岡葉，而非芫荽。還有，你知道嗎，墨西哥奧勒岡有檸檬和柑橘的味道，而義大利奧勒岡的草味和薄荷味會比較明顯喔。）

在專業的品味圈子裡，提出問題和分享品味筆記乃是溝通時的必要條件。有位咖啡杯測師告訴我，俄羅斯的咖啡杯測師會用「lalaberry」這個詞來描述她認為是黑莓味的風味。「聽到不懂的術語時，你必須開口討教，否則永遠不會真的理解。」她說。

我們已經知道，每個人都活在獨一無二的個人味覺世界裡，所以對於品嘗這件事，「知之為知之，不知為不知」這句格言尤其貼切。聽到別人說某個東西嘗起來像吡嗪（pyrazine，品酒術語）或 Tim Tams（一款澳洲餅乾）時，請儘管追問那是什麼意思。你得到的答案，會有助你擴大自己的風味收藏。

集體品嘗有不少好處，但是避免受到其他人的意見左右也很重要，特別是第一次品嘗某個東西時。第一次品嘗的味道非常重要。一個東西的味道，會衍生出對它的記憶，就像我在辛普森的課堂上嘗到大馬烯酮時一樣。第一次品嘗時留下的印象，將成為你對那種風味的定義。這個定義可以透過日後的品嘗來強化，但永遠不會完全消除。我們將在第十章詳細討論這些記憶，不過此刻，當你開始收集新的味道、氣味、風味和質地時，可別搞砸。

關於搞砸第一次品嘗，對食物做過許多妙語講評的烹飪大師安東尼・波登（Anthony Bourdain）有句話正好可以概括總結；某次他大力抨擊松露油時說：「松露油是邪惡的東西，它跟松露完全沒有關係。松露油基本上是種工業用溶劑，而松露是一種美妙無比、只應天上有的東西。如果你以為自己吃了用松露做的食物，但其實吃到的東西全都只是塗滿了松露油，當你吃到真正的松露時，會完全不知道那是松露。」（出自 MUNCHIES: The Podcast，二〇一六年十二月二十三日。）

接著，他將工業級松露油帶來的期望與色情片帶來的期望相較。他強調，如果你期待的是誇大的人工版本，就永遠不會明白自然版好在哪裡。這個比喻可說是完美體現了波登的風味鑑賞方式。

要先講清楚的是，我並不是說你應該為了建立參照記憶而去買最昂貴的食材來品嘗（但這麼做不是很有意思嗎？）。我的意思是，第一次品嘗時，應該盡量嘗試食材本身，而不是人工製造的版本。假如你從沒吃過木瓜，第一次嘗到的就是一匙螢光橘色的木瓜冰沙，那可不是首次品嘗的理想方式。同樣地，木瓜芒果綠茶也不理想，因為它的味道是調和而成的。這些都無法成為你對木瓜風味的正確參照依據。但難道你就應該放棄頻頻朝你招手的橘色冰沙嗎？當然不是！只不過，在你品嘗這個橘色甜食時，別忘了好好告訴自己：「這是木瓜冰沙。」然後把這股味道塞進內心風味庫裡存放藍色覆盆子風味的那一區。

另一種破壞對風味第一印象的方法，是與負面的記憶連結在一起。事實就是，如果某種風味會讓你作嘔，很可能每次接觸到都會讓你想吐。這是感官記憶正常運作下的結果。這種味道顯然會擾亂身體機能的微妙平衡，因此你的肚子不歡迎它再回來。嘔吐並不是唯一能創造負面風味記憶的方式；你也可以刻意達到這樣的結果。其中一個方法，就是專業人士所謂的「異味訓練」（off-flavor training），我稱之為「逼我討厭這種味道的訓練」。我建議你不惜一切代價，避免在認定某種風味「不好」、「有汙染」或「有缺陷」的情況下將其納入自己的風味收藏。若某種風味給你的第一印象是負面的，之後很難扭轉。這就好像你把一件很討厭的襯衫放進衣櫃裡，卻知道你永遠不會穿，即使有需要用到的場合也不會穿。每當你要找衣服穿，翻到衣架上那件討厭的襯衫時，你都會想起第一次拿到它時你有多不高興。關於負面的第一印象，我可以舉個例子，那就是在品嘗有穀倉味（怪味、霉味、乾草味）的葡萄酒時，別人告訴你這些風味是缺陷，代表酒裡滲入了野生酵母。得知這個所謂的缺陷之後，你只要嘗到有這種怪味的葡萄酒，都會認為是有缺陷。因此，當帶有野生酵母風味的自然葡萄酒流行起來時，你就無法享受它的味道了。長久以來，你一直認為這些味道「不好」，所以只要一聞到穀倉的味道，大腦就會自動認定「有缺陷」。

在向辛普森和其他指導者學習的好幾年前，我還不懂得如何透過覺察將更多風味納入品酒詞彙時，為了通過 Cicerone 認證考試，我必須記住六種「異味」，也就是風味品保小組成員（訓練有素、負責在啤酒上市前評估成品品質的品評員）深諳如何辨識的風味。若是成品出現這些「異味」，表示釀造過程可能發生了問題。聞起來像奶油玉米的二甲基硫（DMS），代表釀造當天的煮沸時間太短或緩慢。帶有奶油味的丁二酮代表發酵不完全；味道像醋一樣刺鼻的乙酸，則表示酵母受到壓力。像這樣的例子，不勝枚舉……市面上有販售這些「異味」的純化樣品，可用來練習聞出摻有這些氣味的啤酒，為考試做準備。但是整套樣品的價格大約是六十美元，而我為了報名測試，已經花了兩百多美元。我自認嗅覺還不錯，應該可以在考試當天辨別出玉米、奶油還有醋等氣味。

在辨識異味的考試中，我聞了聞一個杯子，認為裡面一定是丁二酮，因為所有教材都描述這種化合物是「電影院的奶油味」。我理解為什麼大家會把這種香味稱為奶油，但是在啤酒裡面，它聞起來並不是真正的奶油味，好像更甜一些。會是焦糖奶油味嗎？是不是更像奶油太妃糖？仔細嗅聞一番後，我確定這味道最像是奶油爆米花口味的雷根糖，所以正確答案一定是丁二酮。就是那刻，在考試的壓力下，我對丁二酮的味道記憶就此銘刻下來：這杯啤酒中的奶油爆米花雷根糖風味，等同於異味。每當聞到丁二酮的味道，我的腦海裡就會冒出「有缺陷的啤酒！有缺陷的啤酒！」但是這種奶油味未必代表有問題。像是捷克拉格啤酒的風味特徵，就有一部分是丁二酮決定的。口感柔軟、帶有奶油味的夏多內白酒也會散發這種氣味，某些陳年的切達乳酪亦是。結果你知道嗎？這些東西，連同丁二酮的味道，全都大受歡迎！低濃度的丁二酮可以賦予葡萄酒和啤酒令人愉悅的天鵝絨質地，以及微量的焦糖風味。然而，即使是極少量的丁二酮，許多美國釀酒師仍會產生強烈的負面反應，因為丁二酮與異味有關。那股奶油爆米花的香氣就像是一件掛在衣櫃裡的難看襯衫，我試穿了一次又一次，真心希望自己能喜歡它，但還是沒有用。

「缺陷」或「異味」的標籤，並不是唯一妨礙風味鑑賞的原因。有些硫化物會發出臭味，這就是為什麼硫化物會被當成臭彈的原料之一；也因如此，天然氣中會添加硫化物，萬一外洩時就比較容易被發現。但是這些化合物，對於葡萄柚、草莓、熱帶水果以及葡萄酒和啤酒等發酵飲料的香氣來說，也是不可或缺的成分。我們的大腦會將微量的硫解讀為新鮮度的指標。正視這些負面標籤，也會讓你更能品味這個世界上的各種風味。與其馬上判定自己不喜歡某種新食物、扔到風味庫的最後面，不如問問自己，它的哪一點不討你喜歡。是因為品嘗時的情境嗎？它讓你想起別的風味嗎？還是因為你對嘗試新事物感到緊張？只要你拒絕給任何風味貼上「不好」的標籤，就能驅使自己提出一些超出品嘗範疇的有趣問題。

有位日本酒武士（Sake Samurai，真的有這個頭銜，而且是一項殊榮！）告訴我，在日本的清酒評審中，ＴＣＡ（第二章討論過的「軟木塞」風味）並不會被視為缺陷。日本的清酒職人們會察覺ＴＣＡ，但是對他們來說，ＴＣＡ是清酒特性的一部分，並沒有負面含義。對於來自其他地方的評審來說，這點可能很不容易做到。他們已經習於將ＴＣＡ歸類為缺陷，難以輕易接受ＴＣＡ只是酒品的特色之一。二〇〇一年的一項研究發現，當同一種香氣有兩個不同名稱時，我們的反應也會有所不同。研究人員將同一種酸味混合物分別稱為「嘔吐物」和「帕瑪森起司」，結果發現，參與者對這股香氣的喜歡程度會根據標籤名稱不同而有巨大差異。帕瑪森起司的香氣獲得還算正面或中性的評價，嘔吐物的香氣則得到壓倒性的負評。

此外，就飲食趨勢來說，昨天還被視為「缺陷」的風味特性，今天可能蔚為風潮。比方說，自然葡萄酒擁有幾世紀以來釀酒師們努力避免出現的野外穀倉風味；渾濁ＩＰＡ（Hazy IPA）的出現，顛覆了啤酒釀酒師幾十年來讓酒體清澈澄亮的努力；加入苦澀藥草釀製而成的泰式私釀酒 Ya dong，原本是泰國小巷路邊攤上賣的藥酒，搖身一變成了時尚酒吧鍍金杯子中的時髦飲品；還有，以往被視為咖啡「缺陷」的發酵風味，現在大為流行。如果你已經在感官記憶中將這些「缺陷」標記為負面風味，可就無法享受這些創新的飲食了。

在本章中，你已經了解到反覆練習對於在內心建立風味參照資料庫有多麼重要，思考過如何將這些記憶分門別類，也審視過第一次品嘗的影響力，懂得避免將帶有負面含義的東西納入自己的風味收藏。現在，你已經準備好收集風味記憶了。接下來我會介紹幾個練習活動，可以幫助你發掘新的風味，打造可觀的風味收藏。

重複品味練習

正如你從漢斯、我還有蜂蜜品評師身上看到的，想將某些味道永久收藏到風味庫，最可靠的方法就是重複品味。只要你品嘗某個東西的次數夠多，多到認出那個風味如同本能反應，那就會成為你的參照資料，當你品嘗其他東西（例如和別人共進晚餐時喝的葡萄酒）時就能信手拈來。你不會只說得出葡萄酒有葡萄味，而是能察覺其中的果味，並聯想到心裡的某個參照標準，例如黑莓或歐洲甜櫻桃。

這個練習從重複開始，以測驗作結，跟比爾・辛普森博士所用的方法相同。過程中不需要任何專門的風味參照品或工具，不只適合單獨練習，也可以跟其他人一起練習。

步驟一　收集品嘗物。這個步驟可以用很簡單的方法完成，像是從食品儲藏室拿幾罐香料，或是去商店購買幾樣水果。如果是初學者，建議一開始使用三到五種品嘗物就好。

步驟二　準備品嘗物。重點是將所有品嘗物放置在同款容器或瓶罐裡。如果你是用成套的罐裝香料，就可以省掉這個步驟了。若你選的是水果或起司、堅果等可以食用的品嘗物，請將每種品嘗物切成大小相同的立方體，放入大小相同的小碗或小烤皿中。這個步驟的重點，是要盡量屏除品嘗物之間除了風味以外的差異，目標是讓你閉著眼睛拿起每一個罐子或小碗時，感覺都相同。

步驟三　執行品味方法。請使用第四章介紹的七步驟品味方法，品味每一個品嘗物。在執行品味方法的同時，請大聲說出品嘗物的名字，描述它讓你想起什麼，並說說你所知道的相關資訊。舉例來說，當你聞著一罐肉桂時，可能會說：「肉桂，肉桂棒。肉桂讓我想到節慶假日和熱香料蘋果酒。肉桂產於印尼。這是肉桂。」對每個品嘗物執行步驟一到步驟三，重複兩到三次，重點是將你所說的字詞與你聞到的味道跟嘗到的風味連結起來。

步驟四　純嗅聞評估。對每種品嘗物都做過整套品味方法之後，下一步就是只用嗅覺依序評估每一個品嘗物。這個過程的步調比品味方法來得快，只需要對每種品嘗物做幾次不同的嗅聞，例如先做移動嗅聞，再來是簡短嗅聞，最後做一次延長嗅聞。

在過程中，要持續大聲說出品嘗物的名稱。

步驟五

香氣測驗。如果你有一起練習品味的夥伴，可以兩個人輪流進行，一個人閉上眼睛，另一人將小碗或罐子遞給對方嗅聞。如果你是獨自練習，請閉上眼睛，將桌上的小碗或罐子排列弄亂，讓自己無從得知裡面是哪個品嘗物。接下來，一次拿起一個小碗或罐子，嗅聞香氣，猜猜你拿到的是哪一種品嘗物。即使是一個人品味，也請你大聲說出你猜測的答案。完成後，將罐子或小碗放在你的右手邊。接著繼續猜測其餘的品嘗物是什麼，同時將用過的小碗或罐子依序擺放，這樣你睜開眼睛後才能確認答案。在每次猜測的間隔中，盡量不要睜開眼睛。

步驟六

重複。幾天或幾個小時過後，跳過步驟一到步驟四，再次進行香氣測驗。你還能辨識出所有的品嘗物嗎？哪些品嘗物對你來說最好認？哪些品嘗物難以辨識？如果有不容易辨認的品嘗物，建議你重新找一個相關的故事或記憶，在練習時大聲說出來，或是製造新的記憶，讓自己更容易辨識這個味道。比方說，如果你覺得肉桂和丁香很難區分，可以試試看製作只用丁香當香料的餅乾，或是連續一週每天早上都在咖啡裡加入肉桂。

提示

- 這個練習活動的目的在於幫助你建立風味參照資料，就像是風味衣櫃中你最喜歡、最好穿的那件襯衫，可以一用再用，所以練習中使用的品嘗物越基本、單純越好。可以考慮用芒果塊，但不要用香料芒果酸辣醬；聞純肉桂，別用混有肉桂的南瓜派香料粉。若想嘗試風味更複雜的品嘗物，例如葡萄酒、茶或是混合多種水果的果醬，請參考下面介紹的並列品味練習。
- 你可以錄下自己針對每種品嘗物的評語，然後一邊品嘗一邊播放，加強效果。播放語音可以讓你聆聽自己的評語，同時專心在品嘗上，不必在品嘗時說話。我準備品酒考試的時候，也會製作這類語音備忘錄，然後邊播放邊品嘗。

並列品味練習

這個練習可以幫助你辨識混合物中的風味，也能用來為葡萄酒、烈酒、咖啡和農特產品等比較複雜的品嘗物描繪出風味特徵。我覺得在品嘗我以為自己非常熟悉的東西時，這種練習特別有啟發性，例如同時品嘗三種啤酒：德國淡啤酒（Helles，應該是最不苦的）、捷克皮爾森啤酒，以及德國皮爾森啤酒（應該是最苦的）。在這個練習中，你可以使用不同品種的蘋果（蜜脆蘋果是你最喜歡的品種嗎？）或幾種葡萄酒，甚至是少量的冰淇淋來進行。

這個練習是要客觀地品嘗，並透過觀察找到每個品嘗物之間的差異，而不是憑藉每種啤酒、葡萄酒或冰淇淋各自「應該」要有什麼味道來判斷。

茶是很好的入門媒介，有很多茶在一般人眼中都是「綠茶」，實際上卻有著截然不同的風味特徵。同樣是綠茶，有可能是像潮濕薄荷葉般的大地和草本風味，也有可能富含花香，還帶點檸檬油的味道。光是品嘗一種綠茶很難辨別出這些細微差別，但是當兩種綠茶並排擺在眼前時，你就有機會察覺差異。

步驟一　收集品嘗物。請挑選屬於同一種類別的品嘗物。如果你不是這類東西的專家，最好確保品嘗物之間有顯著差異。例如，不要挑三種同樣標示「煎茶」的茶；你可以用煎茶、珠茶和茉莉綠茶來試試。等到你熟悉茶類品項之後，就可以嘗試品嘗三種極為相似的茶。

步驟二　準備品嘗物。同樣要確保所有品嘗物的溫度和容器都相同，並將品嘗物切成同樣大小或以相同份量倒入容器中。

步驟三　比較氣味。嗅聞每一種品嘗物，大聲說出名稱，以及你嗅聞時注意到的一級香氣。例如在品嘗綠茶時，你可能會說出「茉莉綠茶，花朵」或是「煎茶，草味」。

步驟四　釐清差異。在品嘗類似的東西時，你可能會用相同的詞彙來描述多種品嘗物的主要風味。比方說，如果你對好幾種綠茶的評語都是聞起來有草味，那就可以來釐清其中的差異了。是不是有一種草香比較柔和？或許有一種是乾草味，另一種是新割過的草味。或者，你再聞一次時會發現，有一種茶的香氣似乎多了一點煙燻味，就像燒過的草，而另一種茶的香氣比較像真正的青草。當你仔細研究香氣時，原本認為的主要風味可能會改變，這沒有問題，我甚至鼓勵大家這麼做。

步驟五　多重品嘗法。接下來，請同時對所有品嘗物執行品味方法。也就是說，你要依序觀看品嘗物一號、二號、三號……，接著依序嗅聞所有品嘗物，以此類推。

步驟六　總結差異。總結一直都是品味方法的最後一個步驟，不過在這裡，請想一下你所品嘗到的東西之間有什麼差異。比方說，有一種綠茶是最甜的，一種是單寧最多的，還有一種是味道最濃郁的。

步驟七　賦予定義。再次品嘗每一種，並大聲說出名稱、主要風味，以及跟其他品嘗物的比較結果。例如：「這是煎茶，有青草的香氣，比起其他茶更有鮮綠的風味，餘韻也最長。」

提示

- 上面說的方法，可以把你用來比較的風味穩妥地納入風味記憶中。不過，這個練習並不需要完全照上面的規則進行。無論何時，只要是品嘗同一種類的不同東西，這個練習都可以派上用場。在酒吧裡，你可以將眼前的酒跟之前喝過的酒比較；或者如果你常吃同一種食物，例如習慣早上來根香蕉，就可以比較今天的香蕉與昨天的香蕉在味道上有什麼不同。
- 別氣餒。剛開始，你會覺得很難將味道和氣味的差異用語言表達出來。即使你不知道怎麼描述也沒關係，只要專心留意你在風味特徵中感受到什麼差異，假以時日，你就會慢慢懂得如何描述風味的細微差別。

邊煮邊嘗練習

這個練習的步驟比其他的要簡單一些，但仍然很適合用來收集特定風味、加到內心的風味衣櫃中。下廚做菜時，請分別嗅聞及品嘗每種食材（未煮熟的食材就不用了，例如生的雞蛋、肉類、海鮮等），每加入一種食材，就品嘗一次整體的味道如何。如果你要做焦糖洋蔥，在把烹飪用油和生洋蔥放入鍋中之前，先嘗嘗它們的味道，加鹽之前再嘗一下洋蔥的味道，最後在洋蔥炒到焦糖化之後品嘗看看。

這個簡單的邊煮邊嘗練習，可以讓你為生的食材和煮熟的食材建立風味記憶，或許還能發掘某些常見食材真正的風味特性。很多甜點食譜裡面都會用到香草精，但你有單獨吃過香草精嗎？一般的烹飪用奶油和芥花油，如果從冰箱或食品儲藏室拿出來後直接在低溫狀態下品嘗，會有相似的味道。

提示

- 找一個簡單的食譜，試試看改變其中某些食材的使用順序。以製作油醋醬為例，你可以先依序加入油、醋、芥末和鹽，下次則改為依序加入油、芥末、鹽和醋，並在製作過程中邊加邊品嘗看看。油醋醬的風味特徵是否有變化？除了酸味之外，加醋還會增加什麼風味？

二十問練習

在這個練習中，你需要找個夥伴一起收集記憶，為風味衣櫃增添新裝。這個練習也是一種能將覺察品味融入日常活動的方式。

今晚，或是下次你打算出門吃飯的時候，請為跟你一起用餐的人點杯飲料，也讓對方為你點一杯飲料。你必須請服務生幫忙保密雙方點的到底是什麼東西。我找到一個不會給服務生添麻煩、又能保守祕密的方法，那就是告訴服務生你們要給對方驚喜，直接用手指在菜單上指出要點的品項。飲料送上來之後，請品嘗味道，然後向對方提出二十個問題，直到你正確猜出杯子裡的東西是什麼。對話可能會像下面這樣：

「嘗起來有水果味，是熱帶水果嗎？」

「不是，但水果味這個方向是對的。」

「蘋果？」

「不對。」

「那是漿果嗎？」

「有點接近了。」

「而且有很多碳酸氣泡，甜味很也重。喔，是櫻桃嗎？」
「對。」
「天啊，你點了雪莉登波給我？」
「沒錯！」

提示

- 記錄你問了哪些問題來縮小答案範圍。前三到五個問題通常是跟類別有關。以上面的例子來說，提問者顯然心裡有個水果的分類，分為熱帶和非熱帶的水果。你刪除選項的方式，代表了你在潛意識中如何分類風味。
- 喝這杯飲料時，你不一定要閉上眼睛，但盡量不要去注意飲料的外觀。在下一章，我們會談到眼睛所見如何影響品味的結果！

這個遊戲不一定要使用飲料，你們也可以為對方點一份甜點，或是在食品雜貨店隨便選一樣商品。飲料只是讓你能以比較低的成本，在外出用餐的夜晚做個輕鬆的品味小練習。

對新的風味敞開心胸、大膽嘗試，或許難免會碰到奇怪的味道，但是到頭來，探索風味世界並擴大自己的風味庫，絕對不會是壞事。幾年前，為了慶祝老公的生日，我訂了日式的無菜單料理（omakase），用餐形式是由廚師來決定供應什麼壽司。廚師會捏好米飯，謹慎地擺上魚肉，然後直接遞給客人，讓客人馬上享用。有些廚師會將精心製作的握壽司直接放到客人手中，也有廚師是放在盤子上供客人食用。

這種與廚師直接接觸的用餐方式，對於想要拓展風味收藏的品味者來說猶如天堂。我們可以藉機了解鮪魚生魚片的等級為什麼比較高，好吃的鮪魚應該具備什麼條件。（從鮪魚腹部最底部切下來的脂肪塊稱為大腹〔otoro〕，價格更貴，口感綿密，像棉花糖一樣入口即化。鮪魚的瘦肉部位稱為赤身〔akami〕，風味較不明顯，主要是根據魚腥味少、整體口感清爽來判斷品質。）我們發現深秋時節的蝦肉最為鮮甜滑嫩，因為此時蝦子為了準備過冬，會吃得更多。餐點都上完後，如果還沒吃飽，可以向廚師再點幾份握壽司。我們是吃飽了，但是用餐過程很有趣，所以就問主廚敏夫有沒有什麼平常吃不到的新奇東西。他疑惑地看著我們，不過他剛剛花了一個多小時回答我們的問題，看著我們用鼻子嗅聞每一貫握壽司，再閉上眼睛小心地放在舌頭上，我想他看得出來我們很欣賞他的本領。

「好吧，就給你們來點不一樣的，」他說完頓了頓，勾起了我們的興趣。「想嘗嘗看蟹腦嗎？」

蟹味噌又被稱為蟹腦，由螃蟹的各種器官和其他不是白肉的部分，混合成糊狀的調和物，質地像鮮奶油乳酪，帶點沙沙的口感。那口感不是像牡蠣中的沙子，而是像軟軟碎碎的栗子殼。剛入口時味道甜甜的，然後變得有點苦苦粉粉的，帶有一絲深色草味，像是很乾很乾的香芹。這味道算不上討喜，但很令人難忘，而且對我的風味收藏來說是新的口味，我永遠不會忘記那一刻。通常你在酒吧要求調酒師「給我來點不一樣的」，調酒師只會給你一杯平淡無奇的雞尾酒。如果你把那杯雞尾酒退回去，他們就沒有興趣為你製作新的飲料了。但我可以肯定地說，蟹味噌，這個被精心放置在完美捏製的壽司醋飯上、會讓人聯想到濕水泥的灰綠色糊狀物，一點也不平淡。

後來，我們多次回訪樂壽司（Tanoshi Sushi），在敏夫主廚面前或附近愉快地享用餐點。我沒有再嘗試過蟹腦，但屬於它的風味參照依據仍清晰地留在我的記憶中。二〇一八年年底，敏夫主廚過世了。我永遠不會忘記他讓我嘗到的那股奇異又特殊的風味，它會永遠留存在我的收藏裡。

6 眼見為憑？

「天哪，那真的很困難，」這位多次獲得詹姆斯．比爾德獎（James Beard Award）的廚師對我說，「我只能一直質疑自己，壓力實在太大了。」

他指的不是餐廳開幕當晚高朋滿座的壓力，也不是報紙美食評論帶來的壓力。他口中的壓力，來自一塊長形的織物：眼罩。他是名廚瑞克．貝萊斯（Rick Bayless），在實境節目《頂級大廚：名師薈萃》（*Top Chef Masters*）中一路過關斬將，順利晉級，直到倒數第二集都沒有任何失誤。節目中，貝萊斯成功使用內臟製作出街頭小吃，並為女演員柔伊．黛絲香奈（Zooey Deschanel）煮出不含麩質和大豆的純素餐點，看起來製作單位似乎已經想不出什麼考驗能動搖這位經驗豐富的大廚。沒想到，區區一塊不起眼的布料，就能讓他亂了陣腳。

四位參賽廚師必須在看不到的情況下品嘗二十種簡單的食材，所以需要戴上眼罩。

這是一項不容小覷的挑戰。貝萊斯的競爭對手之一、米其林星級餐廳主廚休伯特・凱勒（Hubert Keller）表示：「這項挑戰讓我很緊張。對於廚師來說，視覺非常重要，因為吃東西是先用眼睛吃。這是非常艱鉅的挑戰。」

凱勒說的沒錯，所有參賽廚師都歷經一番苦戰。米其林星級餐廳主廚羅慕娟（Anita Lo）將鷹嘴豆泥認作中東芝麻醬，凱勒把香葉芹當成香芹，麥可・基亞雷洛（Michael Chiarello）則覺得馬斯卡彭乳酪嘗起來像酸奶油。

貝萊斯也出師不利，一開賽就把海鮮醬認成田園沙拉醬，還把芒果塊當作李子。「我知道我的廚師們在家裡看到節目之後，一定會狠狠取笑我。」他嘆著氣說。滿分是二十分，但即使有玉米、杏仁和楓糖漿等常見食物在內，從這些「名師級」大廚當中脫穎而出的優勝者也只不過正確識別出七種。貝萊斯答對六題，已足以跟羅慕娟並列第二名。「能跟貝萊斯並列第二真是太好了，我知道他的味覺很敏銳，而且是位非常有才華的廚師。」羅慕娟對著鏡頭說，聽起來如釋重負。

對於電視觀眾來說，這一集會看得很開心，因為可以舒適地坐在沙發上看著名廚們出錯，並且相信如果是自己來挑戰蒙眼認食物，表現一定會比他們好。不過是條眼罩，怎麼可能會把海鮮醬濃郁鹹香的滋味，變成田園沙拉醬那種帶有蒔蘿香氣的風味呢！觀眾們看著畫面上頻頻答錯的名廚們，覺得自己一定比他們聰明，由此獲得心理上的滿足。不過各位觀眾，在嚴厲批評貝萊斯（或是在海鮮醬這一題完全放棄作答的競爭對手基亞雷洛和羅慕娟）之前，讓我們做一個小實驗，設身處地想像一下他們面對的考驗是什麼樣子。這個實驗不需要計時器，不需要試吃，不需要蒙眼，甚至不需要知名評審來告訴你成績如何。你只要動腦就可以了。

準備好了嗎？首先請清空思緒，想像一下青椒的風味。只要想像風味就好。喚起記憶，回想從新鮮青椒的外皮一口咬下時，會嘗到的那股味道。想起來了嗎？就這樣一直想著，數到五。接下來，想像你正在吃切片的青椒。請在腦海中想像吃著切片青椒時感受到的風味。味道變了嗎？想著那個味道，從三開始倒數。三，二，一。現在，請睜開眼睛。你剛才確實閉上眼睛了，對吧？大多數人在這個練習過程中，至少會閉上眼睛兩次。為了回想起某個味道，我們會去想像帶來那種風味的食物，並自然而然地閉上眼睛好勾勒出更清晰的畫面。剛才我並沒有要你回想青椒的樣子，但我相信你一定有想。我們會自然地將特定風味的概念和記憶與視覺畫面連結，因為生活中的各種事物都是這樣分類的。鳥類、衣物、樹木、家人，這些我們一看到就知道是什麼。有些食物的名稱跟外表很有關係，像是英文為「star fruit」（星形水果）的楊桃，以及藍莓、佛手柑等。如果你要在購物清單裡加上葡萄，你會寫下「紅葡萄」或「綠葡萄」，而不是「甜葡萄」或「酸葡萄」；更沒有人會想到什麼火焰托卡伊葡萄（紅色）、蘇丹娜葡萄，或是湯普森無子葡萄（綠色）等正式名稱。在品嘗味道之前，我們會先看看即將放入口中的東西。我們的大腦會建構出因果關係：嘴裡有熱帶的、軟糊的、甜甜的味道；我最後看到的東西是芒果。這麼一來，我們就會得到結論：這種軟糊狀、甜甜的風味來自芒果。若是將這個視覺提示拿掉，你仍會感到嘴裡有一種甜甜的、有點軟糊的、絕對是來自水果的味道，但來源到底是芒果，還是如貝萊斯猜測的李子呢？

「我真的不知道那是什麼水果，」貝萊斯說，「這件事情讓我開始思考，自己是多麼依賴眼睛所見來縮小認知中的風味範圍。」當然，如果他看到那是什麼水果，即使嘗起來像李子，他也會知道這個橘色的水果不是李子。一旦看到顏色，大腦就會開始思考這東西可能是哪一種橘色水果，然後就很有可能會想到芒果。

這就像小孩玩的紙牌配對遊戲：總共十二張牌，遊戲開始時牌面朝下，每一回合都可以翻開兩張，直到找出對應的卡牌，例如狗對應狗屋，雨傘對應雨雲，諸如此類。在蒙眼品味時，無論是誰，甚至是像貝萊斯這樣備受讚譽的廚師，都會變得像是靠著印象中的風味在玩無形的卡牌配對遊戲。你無意間在腦海中喚出的青椒影像，就是配對卡牌的其中一張。而與它對應的，正是你以前吃青椒時感受到的那股微苦的草味。不過，這種味道還可以對應到某些紅酒中的吡嗪，跟豌豆的風味也有些相似。如果不蒙上眼睛，你可以毫不猶豫地確定那味道來自青椒，而不是豌豆或一杯葡萄酒。但是蒙上眼睛後，一切就不是那麼清楚分明了。現在，有一張風味卡牌在舌頭上，而符合那風味的圖像卡牌，則位於腦中的某處。我可以想像貝萊斯在快速瀏覽腦海中的圖像，瘋狂地揣想每個念頭：**是這個嗎？杏桃？不對。木瓜？不對。油桃？也不對。李子？是了！**

廚師在工作過程中，基本上不需要盲品食材，反倒是如同貝萊斯的競爭對手在面對挑戰時說的：「吃東西是先用眼睛吃。」正是像貝萊斯和布魯克．威廉森（Brooke Williamson）這樣的廚師，為我們在看到的食物和對味道的期望之間建立了緊密連結。威廉森因《頂尖主廚大對決》聲名大噪，她在這個節目極具代表性的盲品挑戰中勝出的次數，比其他廚師對手都還要多。威廉森在加州開了三間餐廳，向來注重盤子上的視覺畫面要與食物的風味相符。「我會盡可能做出不需要介紹說明的菜色，」她說，「我希望用料能直接呈現出來。」

舉例來說，她經營的普拉雅餐廳（Playa Provisions）菜單上有一道新菜，是烤雞佐微辣橙汁醬。然而，光是在醬汁中加辣是不夠的。「我希望用餐的客人能直接看到辣椒，」威廉森表示，「我加了一點韓國辣椒末，還有一些弗雷斯諾辣椒，讓大家一看就知道那是辣的，從醬汁就可以看到辣椒末。」

這種由視覺因素觸發，進而下意識地設定風味期望的現象，起於「促發」（priming）的概念。視覺促發這種現象，是指人因為看到某個刺激物影響了對後續情況的反應，而且觀看者本身對這個影響毫無自覺。促發效應有很多例子，像是看到汽水罐上的檸檬圖片之後，會覺得汽水的柑橘風味比看到圖片之前更濃烈。威廉森主廚正是在促發客人：看看這個辣椒。現在，來嘗嘗這個辣椒吧。

促發效應帶來的期望不僅體現在餐盤，更體現在酒杯上。「我們都以為紅酒和白酒很不一樣，」貝萊斯說，「但某次在內部品酒會上，讓同事們緊閉眼睛品嘗葡萄酒，然後問他們：『剛才喝的是白酒還是紅酒？』」他停頓一下，重現當時的戲劇性效果，然後輕聲笑起來。「很多人都分不出來。」

在餐桌上，白酒會讓人聯想到清雅的柑橘和熱帶水果風味，適合搭配魚肉。紅酒則讓人聯想到濃郁、漿果和單寧，適合搭配紅肉。雖然，這兩種葡萄酒的味道其實並非如此。二〇〇一年有人發表了一項知名的品酒研究，根據亞當・薩吉（Adam Sage）在《獨立報》（*Independent*）的報導指稱，那是個「厚臉皮的小測試」，證明「葡萄酒『專家』並沒有比我們這些普通人懂得更多」。這項研究由弗雷德里克・布羅謝特（Frédéric Brochet，當時是法國塔朗斯波爾多第二大學的博士候選人）和團隊同仁一起進行，結果發現所謂的「葡萄酒專家」無法區分被無味色素染成紅色的白酒跟真正的紅酒。因為「專家」對於染色白酒的描述是典型的紅酒特徵，布羅謝特等人便斷然判定品酒這回事全是胡扯。

我一直覺得這項研究很有意思。視覺線索的影響，是否真的強烈到可以完全掩蓋嗅覺線索和味覺線索？或許是因為難以認同這個概念，我去細究了這項研究是怎麼進行的。布羅謝特讓他的五十四名葡萄釀酒學學生——雖是經驗豐富的品酒者，但仍然是釀酒學的學生，並不是葡萄酒專家（這就是媒體誇大不實的例證）——分別對一款紅酒和一款白酒做了兩次例行品嘗。在品酒會中，學生們得到一份葡萄酒常見形容詞的清單，布羅謝特要求他們將清單中的形容詞與這兩種葡萄酒配對，或是加入自己的形容詞。第一次品嘗時，布羅謝特準備的紅酒是以卡本內蘇維濃和梅洛葡萄混釀的一九九六年波爾多葡萄酒，白酒則是以榭密雍和白蘇維濃葡萄混釀的一九九六年波爾多葡萄酒。

一週過後，學生回來進行第二次品嘗，再次拿到一杯紅酒、一杯白酒和一份形容詞清單。這次的形容詞清單是由學生們上次品嘗時選擇的詞語組成，內容是上週他們自己用來描述那杯紅酒或白酒的形容詞，只是依照字母順序整理排列。這次的任務也一樣，就是將清單中的形容詞跟紅酒或白酒配對。學生們不知道，他們拿到的這兩杯酒其實是同樣的白酒，只是其中一杯用無味的染料染成了紅色。沒錯，這招成功地耍了這些釀酒學學生；整體來說，比起白酒，學生們對於那杯染紅的白酒給了更多紅酒的形容詞，但他們描述的兩杯酒其實是相同的白酒。於是，就出現了那個聳動的標題：用染料就能騙過「葡萄酒專家」，品酒根本是胡扯！不過，仔細觀察結果，就會發現一些更有趣的事情。

與第一次品嘗（真正的紅酒）時使用的「紅酒術語」相比，學生們在第二次品嘗時，用於描述染色紅酒的「紅酒術語」數量減少了百分之三十五，顯示品酒者在選擇形容詞時不太有信心。與第一次品嘗相比，用於描述白酒的「白酒術語」數量也減少了大約百分之十五，這點也證明了我的推測。感覺就好像品酒者意識到似乎有點不對勁，拿到的形容詞跟手中的酒不太相符，但是視覺上顏色線索的影響太強了，難以抗衡。這項研究並未證明葡萄酒專業毫無意義（我必須再次指出，研究中的受試者都是還在學習葡萄酒知識的學生，不是一群侍酒大師！），而是顯示出我們有多看重視覺線索，即使視覺線索跟自己的直覺牴觸也一樣。正如俗話所說：眼見為憑。如果讓那些葡萄釀酒學學生在品嘗測試時戴上眼罩，他們的表現可能會比較好。事實上，假如有任何跡象顯示那些葡萄酒可能被動了手腳，他們一定會更留意自己的品飲筆記；但因為沒有這種跡象，他們就依循了視覺促發和上次經驗所產生的期望。

關於顏色促發產生的期望，雖然相關的科學研究大多以葡萄酒為主，但這種效應並不僅限於葡萄酒。我在教授盲品課程時，會用一個測試活動讓學生們了解自己對視力的依賴程度，我稱之為「半盲測試」。這活動的進行方式如下：我依照座位跳著請班上一半的學生閉上眼，每個睜眼的學生左右兩側都有一個閉眼的學生。學生們閉上眼睛後，我倒出試喝用的啤酒，看起來顏色比較深，但是有淡拉格啤酒的味道（這種啤酒傳統上稱為德式黑啤酒〔schwarzbier〕或深黑拉格，你可以自己試試看）。我讓每個學生品嘗啤酒（現在你知道這代表鼻前嗅聞、鼻後嗅聞，然後旋轉搖晃及試飲啤酒）。接著，我請睜眼組同學寫下自己覺得最明顯的三個品飲特色。他們寫完之後，就換閉眼組同學輪流大聲說出自己覺得最明顯的三個特色；聽到**麵包**、**麥片**和**草本**等字詞時，睜眼組同學通常顯得一頭霧水。再來，我請閉眼組學生睜開眼睛，閱讀睜眼組同學的描述；他們會看到**咖啡**、**營火**、**烤焦麵包**和**灰燼**等字眼。此時兩邊人馬會互相取笑，尤其是因為一起來的伴侶和朋友通常會被分到不同組別。

「你怎麼喝得出咖啡味？根本就沒有咖啡啊！」

「欸，『冷』不能寫進品飲筆記吧。」

我解釋說，兩組都對，也都不對。這款啤酒確實有非常細微的巧克力味和焦糖味，如果沒有顏色線索，很少人會察覺；但德式黑啤酒的深色風味絕不會像燒焦麵包那麼刺鼻，也不會像黑咖啡那樣苦澀。

促發效應的形式，並不是只有視覺促發一種。有時人會錯認味道或感覺到不存在的風味，而原因可能比視覺促發更不容易察覺。在我們品嘗威士忌的過程中，沃德問我：「你有聞到小黃瓜味嗎？」

我聞了聞，晃一晃酒杯，朝自己的肩膀吸了一口氣幫口腔除味，然後再聞一聞。「呃，我沒聞到，」我有點沮喪，「大概是我對這些香氣不夠敏感，被焦糖味蓋過去了。」

「不，不，其實根本沒有小黃瓜味。」他笑著說，「不過有時這樣說真的會有影響，對方會說『喔，有有有，很清新的小黃瓜味！』」

沃德的提示，促使我在酒杯中尋找實際上不存在的小黃瓜味。我內心的風味衣櫃，對於小黃瓜的風味有非常強烈的參照資料，所以他的提示不足以影響我的味覺。不過若是經驗不足的品味者，就很容易被誤導。

食品包裝上寫的風味特色，則是另一種形式的促發。像是布魯克林啤酒廠（Brooklyn Brewery）生產的黑巧克力司陶特啤酒（Black Chocolate Stout），其實配方中根本沒有任何巧克力，但這個品名可以讓消費者在啤酒中感受到烤大麥的巧克力香。還有蒂拉穆克乳製品廠（Tillamook）的「大師珍藏」（Maker's Reserve）乳酪，嘗起來像優質的白色切達乾酪，帶有經典的堅果味和乳香；不過你得要讀了這款乳酪的說明文字之後，才會覺得這些香味明顯地變成榛果和卡士達的味道。

我們甚至不需要靠包裝上對於風味的描述來刺激味蕾，只要看到一個數字就夠了，那就是價格。有大量研究證明，當我們得知葡萄酒比預期中更貴時，不只是腦中會「認為」酒更好喝，口中喝著也真的會比較好喝。當受試者被告知自己品嘗的酒比較貴的時候，大腦中與愉悅和獎勵相關的區域會變得更活躍；即使他們才剛品嘗過一模一樣、但據說比較便宜的酒，大腦的這些區域也還是會活絡起來。

有時候，即使沒有價格資訊、品飲筆記或品飲夥伴的暗示，你也會受到促發效應影響。有時候，風味暗示可能來自你自己的想法，尤其是在有壓力的情況下。

侍酒大師費南多．貝特塔（Fernando Beteta）在參加侍酒大師考試的品酒測驗時，就面臨這種壓力。他輕鬆通過了考試中的理論測驗和侍酒測驗，但在面對盲品測驗時，他卻接連失利。當他第四次（也是最後一次！）嘗試品酒測驗時，他意識到應該要留意自己的想法和實際感受之間的差異。

「我了解到不能對那個玻璃杯有任何先入為主的想法，」貝特塔說，「你可能會很想這麼做，你可能會想，如果它聞起來再像這樣一點，那就可以找到標準答案了。」比方說，如果測驗中給的紅酒帶有吡嗪的香氣（像橄欖醬或烤胡椒那樣），品嘗者往往會忍不住在酒中尋找全新橡木桶和黑莓果醬的風味，因為只要找到這些風味，這杯酒就是經典的加州卡本內蘇維濃——就算酒裡根本沒有這些風味。這就是貝特塔所說的先入為主，而不是客觀地感受風味。想成功通過盲品測驗，你必須淨空思緒，把酒當成科學研究的觀察對象一樣，不抱持任何期望或偏見。然後，當你的思緒試圖欺騙感官時，你必須立刻察覺。

為了幫助盲品者在猜測杯中物時避開這些心理陷阱，英國葡萄酒與烈酒教育基金會（Wine & Spirits Education Trust）和世界侍酒大師公會（Court of Master Sommeliers）等認證機構，都各自製作了「演繹式品飲表」（deductive tasting grid）。這種表格就像品飲學習單，能引導學生檢視葡萄酒的各個層面，從外觀、香氣、口感到引導出結論。（如要查看品飲表的範本，請造訪 howtotastebook.com/grid。）品飲表的每個區塊分別是針對葡萄酒、烈酒或清酒的各個方面設計，例如香氣的強度、口感的甜度和餘味的長度，目的在於讓品飲者緩慢且客觀地品嘗酒飲。在這個過程中，品飲者需要進行十九次到三十五次不等的觀察。這種精心設計的系統化評估，能讓品飲者避免過早下結論，像是從吡嗪直接導出卡本內蘇維濃這答案。

只要用品飲表收集好相關數據，就可以使用演繹推理來確定到底喝的是什麼酒，「演繹式品飲表」的名稱正是這樣來的。演繹推理是一種思考過程，運用一系列互為基礎的前提來推導出結論。例如：所有的玫瑰都有刺，這叢灌木是玫瑰，所以這叢灌木一定有刺。其中只要有一個前提不正確，演繹推理就可能大錯特錯。一個錯誤的推論，就會破壞整個邏輯推理的過程。以剛才舉的例子來說，並不是所有的玫瑰都有刺；像是「絲滑王子雜交茶玫瑰」（Smooth Prince Hybrid Tea Rose）這個品種就沒有刺，但美麗程度並不遜於其他玫瑰。所以，「這叢灌木一定有刺」的結論是不正確的。填寫品飲表時，可能會發生將葡萄酒的木質香氣記錄為法國橡木，實際上卻是美國橡木香氣的情況，導致你推論出錯誤的結論。

如果演繹過程正確，推導出正確結論的心理推算就會像一種小孩玩的益智桌遊「猜猜我是誰？」（Guess Who?），差別在於遊戲盤的卡牌上面不是卡通面孔，而是各種葡萄酒

（或是啤酒、清酒、奶酪，取決於你在盲品什麼）的類型。你要利用從品飲表得到的感官資訊，逐一剔除卡牌。比方說，如果你覺得是紅酒，那就把所有屬於白酒的卡牌都蓋掉。（別擔心，沒有人會在侍酒大師測驗中用紅色染料來欺騙你。）如果你在品飲表上寫了中高單寧，就把低單寧的薄酒萊之類的卡牌蓋掉。感覺味道像美國橡木，就可以把所有代表法國酒的卡牌蓋起來。如果一切順利的話，最後只會剩下一張卡牌，一款與品飲表上收集的證據完美相符的葡萄酒。卡牌上的葡萄酒種類，就會是你杯子裡的那一款葡萄酒。

現在你要做的，就是分別品飲三種白葡萄酒和三種紅葡萄酒，將上面的推論過程重複六次，檢視幾十個感官標準、過濾數百種可能的葡萄酒類型，限時二十五分鐘，所以每一款酒只有四分十秒的時間。喔，我有沒有說過侍酒大師的候選人要一邊向評審大聲描述葡萄酒風味，一邊在心裡玩這個虛擬桌遊？

即使有了演繹式品飲表，還有關於各種葡萄酒特色的強大風味記憶庫，這項挑戰也足以讓任何品飲者焦慮萬分。幸好，大多數人根本不需要培養這項技能。但對於少數追求精益求精的人（通常是為了取得專業認證，或在《廚神當道》和《頂尖主廚大對決》等節目中獲得最高榮譽）來說，盲品不僅要靠對味覺的掌握性，也仰賴對思維的掌控能力。

廚師布魯克．威廉森在《頂尖主廚大對決》系列節目中的盲品表現堪稱一絕。她以五次辨識正確的成績擊敗了最具威脅性的競爭對手，在比賽中大獲全勝。雖然是否多得一分已無關勝敗，但如果她速度放慢一點，更相信自己的味覺，她還可以再拿到一分。

在計時器的滴答聲之中，威廉森飛快地品味一個個裝滿神祕成分的小玻璃皿，正確辨識出黃瓜、秋葵、蛤蜊和開心果，持續累積得分。「雪莉醋，下一個，」她果斷地說完，把玻璃皿遞給評審帕德瑪・拉克希米（Padma Lakshmi）。「不對，等一下！是巴薩米克醋才對！」但因為她說了「下一個」，答案已經不能更改。為時已晚，她失去了這一分。完成二十次品嘗後，威廉森摘下眼罩，馬上問道：「唉唷，那是巴薩米克醋，對吧？」

拉克希米微笑點點頭。

「你不能一直質疑自己，這是最重要的。」威廉森告訴我，她不怕面對壓力，這就是為什麼她喜歡廚房的步調以及烹飪實境秀的節奏。她不僅擁有頂尖主廚的稱號，還是美國美食頻道（Food Network）烹飪錦標賽（Tournament of Champions）的首屆優勝者。即使在最緊繃的時刻仍保持清晰思路並精準行動，是她在比賽中脫穎而出的祕訣，也是她的競爭對手尚未培養出的能耐。威廉森說，有些參賽者在蒙眼盲品時說出「差了十萬八千里的東西」，其實都是因為想太多了。「有人拿著『奶油』，說是『麵粉』之類的東西，但其實是因為那嘗起來像某種麵團。」她笑著說，「一旦你開始試圖合理化，就是在背離直覺。」

威廉森說，質疑自己對於盲品者來說就是死定了，而侍酒大師候選人也會同意這一點。貝特塔談起自己前三次參加侍酒大師測驗的經驗時說：「我做了一些明知道不對的事情，像是明明已經輪到下一杯了，我還想回頭去改剛才那杯的答案。但是壓力太大了，畢竟我已經為此努力了一整年。」

第四次在盲品測驗中面對那六杯酒時，他已經準備好放輕鬆，客觀地觀察它們。他說，在這最後一次的嘗試中，他往後靠向椅背、翹起腿，告訴自己要堅持最開始得出的結論，不要想太多。靠著這種心態，他通過了世界上最困難的葡萄酒認證考試。

強納森．艾希霍爾（Jonathan Eichholz）告訴我，他正在為第二次挑戰侍酒大師測驗制定類似的計畫。「我第一次應考時壓力很大，」他在市中心跟我吃午餐時這麼說，「我當時心想，我一定要辦到，**我一定要通過測驗**。」

我可以體會艾希霍爾在盲品測試中承受的焦慮。第一次挑戰 Cicerone 高級認證測驗時，我在品嘗考試中嗅聞著啤酒樣品，一邊感覺到自我懷疑在心中油然而生。突然間，我完全聞不到半點能分辨啤酒特色的味道。我的恐慌加深，腦袋嗡嗡作響，讓我無法客觀分析自己的感官。我沒辦法像之前數百次練習時那樣冷靜地評估樣品，只能試圖用純粹的意志力來辨別是哪一種啤酒。這種屈服於焦慮的行為，會導致盲品變成一場災難——而艾希霍爾會竭盡全力避免這種災難發生。

「老實說，我做了很多瑜伽，還有欣賞藝術品，」他說，「我必須讓自己明白，就算沒通過考試，還是可以重新來過，我也還是我。人要想辦法忘記壓力。」

艾希霍爾還制定了如何辨識每一杯酒的計畫，如果一切順利，他就能避免被任何不確定感誤導。「我要做的就是讓酒液接觸味蕾。在開始向評審描述外觀之前，我要先嗅聞及品嘗，」艾希霍爾說，「這樣一來，當我在描述外觀時，就能在腦中一邊演繹推理那是什麼酒。」

他告訴我，外觀是最容易拿分的項目。在他按照演繹式品飲表的外觀部分描述時，可以同時讓自己冷靜下來。等到要列舉香氣、味道、餘味並揭曉酒品名稱時，他就能處在平穩、冷靜而鎮定的狀態。

練習瑜珈和放鬆品味的計畫就是這樣來的。每個參加侍酒大師測驗的考生，都有某種開始品味的行動方案。這些前景可期的侍酒師，穿著量身訂製的西裝，拿著美酒品頭論足，就像在大海中優雅前行的高級遊艇。船上的每個人都會看到奢華整潔的家具陳設，聽到迴盪在每個豪華房間的古典音樂。但是播放音樂，其實是為了掩蓋船上巨大引擎產生的數百分貝噪音。在客人看不到的控制室裡，警示燈光閃爍不已，活塞近乎失控地瘋狂作動。當然，這個引擎室就是侍酒師的大腦。像艾希霍爾這樣的侍酒大師候選人，會根據品飲表的八個部分向評審說明自己的觀察，將重點放在外觀，同時在自己腦海中快速分析葡萄酒的酒體和結構。你看，引擎室轟隆作響，而遊艇在水面上平滑行駛而過。

盲品未必要在高壓環境下進行。這可以幫助你探索自己味覺的細微差別，是一種很好的練習。正因如此，後來在《頂尖主廚大對決》贏得當季節目冠軍的貝萊斯主廚認為，盲品不僅是公平評估廚師技能的方法，也是每個廚師都應該具備的能力。尤其是對於贏得「頂尖主廚」這個頭銜，更是特別重要。《頂尖主廚大對決》一共播出九次盲品挑戰賽，每季優勝者幾乎都在盲品挑戰賽中獲得前三名，只有一位例外（深受觀眾喜愛的芝加哥廚師史蒂芬妮・伊扎德〔Stephanie Izard〕贏得了她那一季的冠軍，不過她在盲品挑戰賽的成績是墊底）。

「我的每一家餐廳，都是一天到晚在試吃。」貝萊斯主廚開的高級餐廳托波洛（Topolo）提供固定價格的主廚精選套餐，他提到新菜單在推出之前，要先經過六次試吃。新菜色開發出來之後，會進行兩次試吃來調整口味，決定是否要加入菜單中。接下來，會有一次以侍酒師為主的試吃，還有一次是給更多同仁參加的，再來則是專門用來決定菜式搭配的試吃會。在這些試吃會上，員工都不知道貝萊斯主廚用了什麼材料，要到最後一次試吃，所有員工才會拿到菜色說明和搭配的菜單。在品嘗過程中，貝萊斯和團隊同仁會收集試吃者的意見，看看有沒有令人不解、困惑或感覺突兀的風味出現。

「如果你覺得自己做的菜無可挑剔，就不能在這裡工作，」貝萊斯說，「如果吃一吃有人說：『我不知道怎麼講，但這道菜的餘味讓我想起Jolly Ranchers 櫻桃軟糖。』我們就要全部重來。我不希望任何人在我的菜餚中吃出櫻桃軟糖的味道。」貝萊斯說，就算他自己吃不出哪裡像櫻桃軟糖，他還是會重新設計這道菜，因為風味是主觀的，而有些時候他自己才是異類。工作同仁常說他放太多大蒜了。他喜歡大蒜的風味，但恐怕對大蒜味不太敏感，因為他的廚師會說：「請不要再放大蒜了，我覺得你的用量已經到極限了。」

貝萊斯從員工試吃中學到的知識，已經擴展到他經營的其他領域，尤其是網站和書上的食譜。「我了解到自己很喜歡大蒜，超喜歡，但是其他人可能不是那麼喜歡。我不能在食譜中用上超過三瓣的大蒜，」貝萊斯解釋說，「我自己會用得更多，但是對某些人來說，三瓣可能就算是很多了。」

如果你想知道自己有哪些偏見，不妨試試盲品。或許你每次買葡萄酒都花比較多的錢，只為了買到法國最好的特級園（Grand Crus）酒款；你覺得本地葡萄園產的酒往往不合口味，所以當你買不到法國產的葡萄酒時，就乾脆不喝。不過，你可以試試平心靜氣地把這兩種葡萄酒放在一起品嘗比較，不要試圖判斷哪一杯是哪一款，只去感受風味，或許你會很驚訝自己最喜歡的是哪一款。

這正是一九七六年極富代表性的盲品大會之所以會出現的前提；這場品酒會現在稱為「巴黎審判」（Judgment of Paris），不過當時的名稱沒這麼響亮，叫做巴黎品酒會（Paris Wine Tasting）。當時巴黎有一家備受推崇的特色葡萄酒店「瑪德琳酒窖」（La Cave de la Madeleine），經營者史蒂芬・史普瑞爾（Steven Spurrier）是最早倡導先品酒再買酒的人之一。不僅如此，他還是個英國人。因此，史普瑞爾對法國葡萄酒並沒有抱持過於浪漫的心態；當他收到來自加州的優質紅酒時，由於他並不獨尊法國酒，因此可以接受這些酒或許優於南法波爾多產區紅酒的想法。可惜，他的顧客大多是法國人，儘管顧客們承認加州葡萄酒很美味，卻不是很有意願捨棄法國葡萄酒、改買加州葡萄酒。於是，史普瑞爾想出了一個宣傳噱頭。他和美國商業夥伴派翠西亞．加拉格爾（Patricia Gallagher）邀集九名極具聲望的評審，包括侍酒師、釀酒師、餐廳老闆和酒評家，讓他們同時品嘗來自法國和美國的葡萄酒。評審們要用專家的敏銳味覺為每款葡萄酒評等，這是大西洋東西兩岸葡萄園的對決，其中一邊將成為贏家。

儘管這個活動一開始是為了宣傳，但當天只有一名記者到場，因為比賽（如果可以這樣稱呼的話）結果對於所有法國媒體來說都是無庸置疑的。酒液流淌入杯，評審慎重嗅聞、仔細啜飲，然後寫下筆記和評分。最終結果出爐，其中一個國家大獲全勝，在紅葡萄酒組和白葡萄酒組都獲得最高評分。那個國家是美國，更明確地說，是美國加州。這個結果帶來了歇斯底里的反應。有位評審要求取回自己的評分卡，以免評論落入媒體手中，有損其聲譽。她怎麼會給美國來的酒糟水這麼高的評價呢？

蒙特雷納酒莊（Chateau Montelena）的夏多內是比賽中最出色的白葡萄酒，紅酒組則是由鹿躍酒莊（Stag's Leap Wine Cellars）的卡本內蘇維濃勝出。這兩款葡萄酒各有一瓶一九七三年的年份酒收藏在美國史密森尼國家歷史博物館，列入「造就美國的物品」收藏中。

如果不是以盲品的方式評鑑這些珍貴的葡萄酒，巴黎審判的進行方式應該會像其他品酒活動一樣。品酒會的典型形式充滿了產生促發效應的機會，無論是視覺還是其他方面。釀酒師會站起來講講自家葡萄園和葡萄酒的故事，接著談論品飲筆記（有時候使用的詞藻華麗到有如詩歌朗誦，而不是品酒活動）。最後，釀酒師會坐下來，讓參與者小酌品味、討論心得、享受片刻，再輪下一位釀酒師。如果是在像這樣的活動場合，美國酒一點機會都沒有。無論背景故事多麼鼓舞人心，就算是加州最古老的酒莊，在當時也只有一百多年的歷史。這些新興的葡萄園怎麼樣也無法與歷經戰爭、洪水和飢荒，擁有數百年傳統的老字號葡萄園相提並論，也難以跟有地下墓穴和手削軟木塞等傳說的酒窖匹敵。評審和參與者將聽到法國酒莊近乎神話般的傳說、舉杯輕碰，為自己品嘗到淵源可追溯至羅馬時代的珍釀而陶醉。但採取盲品，就可以讓評審和侍酒師在沒有歷史或階級包袱的情況下評估葡萄酒的品質，陳述看法。等到他們決定排名之後，才會揭曉酒品來源。

所以，看到一群浮誇矯飾的法國男女宣稱美國比較適合生產葡萄汁，那又怎麼樣呢？評審有特殊權力來判定何者是優、何者是劣、何者是普通？像是那位拚命想隱藏自己對可恥的美國葡萄酒做出什麼評價的評審，她寫下的分數有什麼**實質意義**嗎？還是說，只是感覺好像有那麼一回事？我們接著就來談談這件事。

PART THREE

運用你的品味技巧

7 評論家、評審、獎項與分級

現在，你已經知道辨識風味的方法和技巧，那要怎麼曉得自己有沒有像《廚神當道》（*Master Chef*）等真人秀節目的評審那種本事？夠不夠格給一家餐廳五星評價？或是能不能像重量級酒評家羅伯特・派克（Robert Parker）那樣用一百分制評斷葡萄酒的品質？你何時才能判斷一間名店提供的咖啡真的是精品咖啡，還是只比茶水間的咖啡粉略勝一籌？我們推崇評審、評論家和分級師的見解，但他們的品鑑能力是否真的優於一般人？或許吧。這些人對飲料或食品品質的看法絕對正確嗎？這個嘛，先別急著下定論。

評論家的評語、評審頒發的獎項與業界專家的評分，三者有何不同？讓我們來看看品嘗這件事如何影響獎項和評分，以及判定獎項與評分的品味專家是什麼樣的人。我們就從評論家開始。在評語中加入數字和星等，會讓評論家的意見好像很客觀，彷彿味蕾的主觀分析可以客觀量化一樣。但是星等、評分和獎項，都可能騙人。首先，評分標準未必明

確。《米其林指南》（*Michelin Guide*）是廚師界和消費者最重視的餐廳評鑑機構之一（儘管它並非全無偏見或錯誤），其中負責評定星等的匿名評審員堅稱判斷依據只有食物。

一位不具名的米其林評審員在《米其林指南》網站的常見問答中表示：「一間餐廳能否摘星，完全取決於盤中的食物，沒有其他影響因素。無論餐廳是什麼風格，氣氛有多正式或多隨意，對於得獎都沒有任何影響。」

這段敘述還說明了幾項評審員決定是否給予星級的標準：出色的烹飪能力、食材品質、風味協調性、技術掌握度、廚師透過料理展現的個人特色，以及能否長期維持所有菜色的一貫水準。這些標準似乎有點難以量化。我就不確定要如何用數字來表示眼前菜色的協調程度，還有，廚師的個人特色真的是「盤中食物」的一部分嗎？這篇常見問答接著針對酒單給了令人困惑的說明：「認真看待食物的餐廳，通常也會設計獨特的酒單來搭配菜色，所以這部分一般來說不影響。」

所以酒飲到底會不會影響星等呢？評審員堅稱服務品質不是影響因素；但大家都知道，上菜速度慢就代表食物會冷掉，而食物一旦冷掉，就無法呈現出在適當溫度下那般豐富的風味。此外，《米其林指南》對各個星等的定義如下：一顆星代表這家餐廳非常優秀；兩顆星代表廚藝高明到值得繞道前往；三顆星代表料理出類拔萃，值得專程造訪。

（如果你在納悶《米其林指南》為什麼要用旅遊雜誌般的語氣來說明星等評定標準，別忘了，這份備受推崇的指南原本是米其林輪胎的行銷策略！）

《米其林指南》或許是最神祕的飲食指南，但其他評論機構也沒有為自己的品評標準提供多清楚的說明。在《洛杉磯時報》（*Los Angeles Times*）於二〇一二年取消星級評等之前，他們給予星等的標準是「食物、服務和氛圍，也會考慮價格與品質是否相符」。有些媒體棄星等制度不用，改用其他評等方式。二〇一八年《紐約》（*New York*）雜誌從星等制評級改為百分制評級，評論家亞當．普拉特（Adam Platt）在初次介紹時說：「我們的評級量表是從『糟糕透頂』的一到『極樂享受』的一百。」對於極樂享受這樣的形容，大家不免有許多想像跟期待（有些根本不是餐廳會有的；或許這是為什麼《紐約》雜誌評價最高的餐廳也只拿到九十九分）。關於評鑑本身，他們的評分基準是這樣的：「最低零分，最高一百分，得分是反映編輯群對於一家餐廳或酒吧好壞的整體判斷，包括各種有形與無形的因素，跟價格高低無關。」

習慣參考星等制評分的人，可以看看其他從相同概念衍生的創舉。美國費城的評論家克雷格．拉班（Craig LaBan）創立了一套用於評鑑餐廳的自由鐘（Liberty Bell）評等法，而一間餐廳獲得的「鐘數」多寡，基本上只有一個根據：拉班的評價。拉班表示，他給予四鐘（最高等級）的餐廳「是能夠化瞬間為永恆的地方，可以賦予餐桌獨特的魔力，並且多年來維持一貫品質，作為一間充滿生命力的餐廳持續進步。」接著坦言，「沒有什麼評分準則，就是我感覺對了。」

看來，這些評分有很高的比例是來自直覺和經驗。既然你拿著這本書，代表你對品味別有堅持；我想光憑這點，你就跟任何人一樣有資格頒發星星。

不過，在比賽中由專家評審共同授予的獎項，想必沒有評論家根據個人見解評定的等級那麼隨意吧？

身為啤酒自釀師，我參加過很多次啤酒比賽。而最令人沮喪的一點，就是評審們對我的參賽作品評分落差很大。為什麼相同的啤酒在一場比賽的香氣項目獲得滿分，到了另一場比賽卻只能在滿分十二分中拿到七分呢？我一直以為那是因為同組裡面有更優秀的啤酒，或者某位評審個人不喜歡我報名的那個啤酒類別。不過，從海洋學教授一職退休、現為釀酒廠老闆的羅伯特．霍奇森（Robert Hodgson）曾統計分析葡萄酒競賽中為何經常發生同一作品得分差很多。他的發現有點令人洩氣。為了理解為什麼他的研究結果會讓參賽者和主辦者感到困擾，我們先來談談這類競賽的結構。無論品評項目是巧克力、茶、葡萄酒、起司、咖啡或啤酒，甚至是燕麥棒，專業競賽的流程通常差不多。首先，參賽作品會被仔細存放並分類，再呈現給評審團。參賽作品的分類，就稱為「組別」。以加州州立博覽會上的競賽（也就是霍奇森所研究的比賽）來說，一組有三十杯酒。這個數字會依比賽而異，每場競賽可能不同。在國際美酒挑戰賽（International Wine Challenge，簡稱ＩＷＣ）

上，資深清酒評審麥可・崔倫布萊（Michael Tremblay）告訴我，這個比賽通常一組有十到十五杯樣酒。這些酒會以理想的飲用溫度呈現給評審團，每個評審團都有一名團長（通常是經驗最豐富的），再加上三到十名不等的評審，人數根據比賽規模而異。整組樣酒交給評審團之後，評審們就會在同一張桌子上各自品味，所以，根據崔倫布萊的說法，「你可以按照自己的節奏品嘗。你可以試飲，可以反覆品味。我們會等到每個人都打完分數。」評審們會在各自的評分表寫上評語和分數。

然後，團長（在本例中是崔倫布萊本人）會逐一詢問每位評審對每款酒的評分，包括評審認為這款清酒可以獲得哪個獎項，或者是否「出局」了，也就是沒有機會得獎。「有時候大家有共識，我們就會繼續為下一款清酒評分；有時候則需要大家一起再次品鑑，才能做出決定。」崔倫布萊表示，由於評審各有不同背景，這種討論很重要，可以避免滿腔熱情的新手評審給平庸清酒打上過高的分數，也可以防止大魔王等級的評審套用過於嚴格的標準。

「某一次，我的評審團裡有位來自日本酒類綜合研究所、曾經研究過酵母的博士，」崔倫布萊說，「他的觀點很有意思，可是他會說『這個出局！酵母都死掉了』之類的話，其他人根本不會察覺這點。」

這些由團長主持的交流討論，決定了評審團給出的最終總分。根據崔倫布萊的說法，這時候評審需要協調，「在消費者的喜好跟技術還不完美但尚可接受的作品之間，找到折衷的平衡點。」團長要記錄每個樣品（在本例中為清酒）的最終分數，然後評審團再展開下一組的評鑑。崔倫布萊和ＩＷＣ的其他評審每天要品鑑大約一百二十個樣品，並給予評分。現在，我們回頭來看看霍奇森對於酒類競賽公信力的測試結果。他在加州州立博覽會的葡萄酒競賽（這是北美最古老的商業葡萄酒比賽）當中，仔細審視了評審的可靠性，這堪稱是他最不留情面的研究，或者說最具啟發性的研究，端看你對酒品競賽有何觀感。主辦單位依照慣例，以三十杯為一組提供樣品給評審，但為了實驗需要，其中有三杯來自同一瓶酒。理論上，專家評審應該要給這三杯重複的樣酒打同樣的分數，因為裡面裝的酒根本一模一樣。

霍奇森收集了四年的比賽資料，分析之後發現，只有百分之十的評審對同款樣酒給予大致相同的分數，差距落在四分之內（同一個獎牌的級距）。其餘百分之九十的評審，可能會先判定其中一杯可以獲得某個獎牌，幾分鐘後又在品鑑完全相同的樣酒時授予另一項獎牌。在「金獎酒款」能讓釀酒師獲利更多的市場中，這種不一致會造成很大的差異。

雖然霍奇森的研究結果很有意思，但他的資料並未納入有助評審一致判斷的因素——他記錄的是個別評審所給的原始分數，而不是團長主持討論之後，評審團給出的最終調整分數。霍奇森在論文中寫道，「討論之後，有些評審會修改自己一開始的給分，有些評審則不會更動。在這項研究中，為了分析個別評審在葡萄酒評分上的一致程度，我們只採用評審一開始獨立給予的評分。」

令人費解的是，評審們沒有直接給同一種葡萄酒打同樣的分數，但競賽制度的設計似乎確實是為了防止個別評審的評分不一致。評審團團長的角色是哄勸剛愎任性的品酒師，讓他們適度調整分數，並達成集體共識。當評審流程正常進行時，專家們可以匯集經驗，給予參賽作品公正的評分。二〇〇八年的一項澳洲研究就發現，葡萄酒評審若以三人為一組進行品評，會比獨立評審的結果更為一致而準確。

霍奇森不只著眼評審在單一競賽中的表現，還觀察了許多葡萄酒競賽的賽況。他在二〇〇九年發表過一篇頗具影響力的研究，針對四千一百六十七種葡萄酒，以及這些酒款在美國十三場競賽的參賽情況和表現進行了統計分析。這篇論文的結論經常被引用：有三百七十五款酒參加了五項競賽，但沒有任何一款五次都贏得金獎，甚至沒有任何一款能夠四次摘金；實際上，其中有一百零六款葡萄酒在五次競賽中獲得了一次金獎。大家都懂，只需要贏得一面獎牌，就可以放在酒瓶上吸引潛在客戶了！此外，共有六款葡萄酒累積獲得三次金獎，但是在其他比賽中至少有一次未獲獎或是只拿到銅獎。

霍奇森在葡萄酒品鑑方面所做的統計工作最為出名（也因此被某些媒體拿來大做文章），因為他質疑所謂的葡萄酒專家評審以及他們依照自己口味喜好頒發的獎項是否真的具參考性。但他在二〇一三年接受《葡萄酒觀察家》（*Wine Spectator*）訪問時清楚說明，「我並不是否定品嘗和品鑑葡萄酒這回事。我只是認為在葡萄酒競賽這種情境下進行品飲與評分所產生的推薦，其實沒什麼意義。」

（我不禁注意到，霍奇森自己的菲爾德布魯克酒莊〔Fieldbrook Winery〕網站上有列出一些得獎紀錄，例如他的桑嬌維塞粉紅酒〔Rosato de Sangiovese〕獲得「二〇一九年洪保德郡博覽會金獎」。我想這些獎項總該有些意義吧。）

出於許多原因，並非所有金獎的地位和意義都相等。首先，參加比賽評鑑的評審對於品質好壞各有一把尺（評審通常是專業人士，包括評論家、製造商、經銷商和餐廳老闆）。如果沒有設定何謂優秀或金獎標準，評審就會憑藉自身偏好來決定如何給分。評審團討論或許會消除某些偏好的影響；然而，就如霍奇森的研究所示，某些評審的偏好仍會左右分數。其次，每項競賽都有不同的專業和受眾。因此，參賽作品的分數和得獎情況之所以如此不一致，可能無關乎評審的口味，而是跟品鑑的背景因素有關。

美國各地每天都有大量比賽。根據啤酒評審認證協會（Beer Judge Certification Program）的官方競賽清單，一天就有多達十二項比賽需要評斷和品鑑。單就起司來說，就有地區性、全州性、全國性甚至國際級的賽事。從各州博覽會上的自製餡餅比賽，到辣肉醬烹飪大賽、燒烤比賽和職業級雞尾酒比賽，每天都有數以千計的評審機會。這些風味上的對決，都是出理應具備專業品味能力的評審來評分。但是評審在品鑑這些產品時，考慮的條件都一樣嗎？

我詢問了幾十位評審，想知道參賽作品要具備什麼樣的條件才能脫穎而出。一位巧克力評審告訴我是「原創性」，另一位評審則說關鍵絕對是「優質原料」。有位波本威士忌品鑑大師說是「協調度」，但一位釀酒師卻說「風味特徵要有明顯的前味、中味和後味」。一位橄欖油品油師說是「苦味和辛辣感」，另一位橄欖油品管小組的成員也說是「苦味和辛辣感」。看來橄欖油業界的看法比較有共識。

每位評審在評選第一名時，心中各有自己最重視的條件；同樣地，每場競賽的評分標準和衡量因素也都會根據競賽的受眾與廣度而異。有些世界級競賽只針對某些酒品，像是IWC設有世界規模最大的清酒競賽；崔倫布萊每年都在IWC賽事中擔任評審，而包含他在內的許多評審，都是職業級的清酒品評師。崔倫布萊有針對葡萄酒與烈酒教育基金會（Wine & Spirits Education Trust）的認證考試開班授課，並在加拿大多倫多的Ki當代日式酒吧（Ki Modern Japanese + Bar）擔任日本酒武士和侍酒師。「評審時，主辦單位有提醒我們，這些獎項是要給消費者參考的。」他說，「我們不是在評選酒廠，比賽結果並不代表他們的清酒是否完美無瑕。關鍵在於，如果我們頒發金獎給這款酒，消費者會滿意嗎？」

IWC在網站上宣稱自己的評審程序比其他比賽更完善，因為每款葡萄酒都會在至少三個不同的場合，針對風格、產區和年份進行評估。評審是在完全盲品的情況下給分，對於價格或生產商資訊一無所知。

另一方面，同樣是大型競賽的美國烈酒評級大賽（USA Spirits Ratings competition，一樣有葡萄酒和啤酒的參賽類別）則堅稱自家評分系統將產品的所有方面納入考慮，因此是衡量客戶興趣的最佳標準。每個參賽酒款會分為三個項目進行評分，分別是品質、價格和包裝，各項滿分皆為一百分。這三個分數會經過加權計算得出總分，其中品質分數所占的權重是其他兩個項目的兩倍。很顯然，一款精心製作但包裝簡樸的葡萄酒，在這兩場競賽中獲得的分數會截然不同。

不過，有時不同比賽之間的差異比這還要細微。

莎琳・強斯頓（Sharyn Johnston）在全球各大知名茶葉比賽擔任評審，並於二〇一七年成為國際茶藝大師賽（Tea Masters Cup）的首席評審；國際茶藝大師賽設有好幾個不同取向的技能項目，在全球二十個國家舉辦賽事。「評審時，首先要考慮這個比賽是在哪裡進行。」強斯頓說，「比方說，如果比賽是在斯里蘭卡或印度舉辦，參賽作品就會有很多很多紅茶，而且主要是為了批發買家的需求做評比。這跟針對零售市場舉辦的比賽完全不同。」

強斯頓憑藉對於全球各地風味的了解，在故鄉澳洲創辦了金葉獎（Golden Leaf

Awards）。她很明確地告訴評審們，比賽目標是要獎勵品質優異又符合澳洲消費者口味的茶品。「比方說，澀味很重的茶，就不適合在網路上或商店裡購買茶葉的一般澳洲人，」她說，「但是在中國，評審們會將茶葉烹煮五分鐘來判斷綠茶的好壞。他們想要帶出澀味，因為當地習慣這樣評估茶質。在中國，一壺茶可以回沖一整天。」

評審們事先討論過這些細微差異，包括他們要追求的理想特質、如何沖泡要評鑑的茶葉（例如沖泡時間和茶水比例），以及每個獎項級別背後的含義，然後再以腦海中新建構出來的受眾樣態去評估參賽的茶葉。

「我想在這個競賽中做到的另一件事情，就是把類別分得很細，」強斯頓說，「這樣一來，評審就能公平地評比茶葉，而且不會那麼難以類比。」在金葉獎比賽中，光是烏龍茶就分成四個不同的項目，此外還有七個綠茶的類別（抹茶還不算在內）。如此精確的區分，對於評審和主辦單位來說都是有意義的，也可以讓創新產品有機會獲獎並打入市場。

「我記得我評過一款清酒，真的很妙，口感很濕潤，喝起來完全不一樣，」崔倫布萊說，「但我不得不剔除它。我當時碰到的難題是，這款酒不屬於這個類別，我沒辦法給它分數。」這件事情發生在只有四個參賽類別的全美日本酒歡評會（U.S. National Sake Appraisal）。「我後來才知道，那款酒是根據大概有四百五十年到五百年歷史的配方釀造出來的，釀造者是在致敬古法。我當下心想，**這應該要算是特色酒款。**因為若是沒把這個背景納入考量，我並不會欣賞這款酒。」

崔倫布萊提到這樣的酒讓他陷入內在的哲學思辯：除了一般清酒獎項以外，是不是應該有其他方法表揚有創新之舉的釀造者？「否則，假如消費者預期這是一款得過獎的純米酒（清酒的一個類別），他們喝了之後會想，**這些評審是怎麼搞的？**」

如果有什麼是所有評審（包括霍奇森研究中的評審）應該有共識的，那就是怎麼樣算是「不好」。在霍奇森的研究中，參加五項競賽的那三百七十五種葡萄酒裡，有二十五款在各個項目的得分差距不到五分。這二十五款葡萄酒不是沒得獎，就是只拿到銅獎。崔倫布萊同意，評審對於哪些清酒「沒機會」競逐獎牌比較有共識。他們其實非常確定哪些清酒有明顯的缺陷，甚至還有一個專用桌是讓評審放置差強人意的樣酒並標示問題，可以在評選結束後品嘗。

「這對我們來說是一種樂趣，」崔倫布萊說，「雖然我常告訴學生清酒可能會出現哪些缺陷，但平時很難遇到實例。不過這張桌子上就什麼都會出現，像是各種微生物問題和腐敗現象。」他說，這是他擔任評審獲得的最佳學習經驗之一。

這種極為精確的問題與缺陷察覺能力，正是人體感官系統的終極用途：辨認出我們認為代表「危險」的風味。如果評審能從葡萄酒中發現缺陷，例如吡嗪含量很高（這種有點像青椒的植物性香氣在某些葡萄酒中沒問題，但不是所有葡萄酒皆如此），就可以立即判斷這款酒「未獲獎」。但是當評審感受到令人愉悅的果味（酯類）、適度的乾燥口感（單寧）和隱約的香草味（可能來自陳釀用的木桶）時，並沒有公式可以決定這款酒該得幾分；分數多寡完全取決於評審的感受以及評審團裡其他品酒師的想法。

有些比賽會使用統一的記分卡來幫助評審決定分數高低，將總分拆成好幾項分數再來加總，並規定每一項分數的權重，避免因過度主觀而影響分數。例如，有個評審非常討厭某款葡萄酒的顏色，但是依照加州大學戴維斯分校的二十分制計分系統（UC Davis 20-Point Scale）規則，「顏色」在總分二十分當中只占兩分。啤酒評審認證協會（Beer Judge Certification）的計分表上規定，評審在啤酒口感這個項目最高可給到五分（總分最高五十分）。根據國際橄欖理事會（International Olive Council）針對國際特級初榨橄欖油競賽（International Competition for Extra Virgin Olive Oils）提供的一份評估表，滿分一百分當中，「橄欖的果香」只占七分。（如要查看這些計分表和相關範例，請造訪 howtotastebook.com/scores。）這些評分表讓評審在評鑑葡萄酒、啤酒或橄欖油時，不能根據直覺馬上判斷，而是要深思熟慮才能做出選擇。評分表也能供參賽者了解評審給分與授獎的依據，讓想在產品瓶身加上獎牌標章的橄欖油生產者可以馬上知道，拉低分數的到底是作品的「果香」，還是其他特質。

商品的評鑑，或稱「分級」，比起競賽的評審程序更講究技術標準，為的就是消除主觀意見的不確定性。分級是由訓練有素的專業評鑑師執行，因為他們的評分會左右產品在市場上的售價。評審要力求公平，讓消費者更清楚要買什麼，也有助優質產品的製造商推廣行銷。分級師則必須秉持絕對的客觀，因為他們的評鑑分數會直接影響產品在市面上標示的等級。一款咖啡如果獲得Q Grader咖啡品質分級師超過八十分的評分，就可以貼上「精品咖啡」的標籤（這些咖啡豆會由精品咖啡店買下，一杯手沖咖啡要價超過五美元）。一款橄欖油，如果沒有國際橄欖理事會正式承認的合格品鑑小組所給予的品質評分，就不能被稱為「特級初榨橄欖油」。生乳評級員可以替消費者確保乳製品上市時，是品質優良、安全無虞的。

要取得做這些分級認證的資格，需要具備豐富的專業經驗，還要投資不少金錢心力。若想成為Q Grader，必須在六天內通過二十二項測試，證明自己擁有足夠的感官能力和咖啡知識，能夠以最客觀的角度給予每款咖啡明確的分級。參加這個將近一週的認證測驗，要花費超過兩千美元。其中，前三天是理論工作坊，可以練習每一項測驗的內容，剩下的時間則都用來考試。考試需要三天，考生會面臨相當緊湊的測驗和龐大的壓力，他們要辨識出三十六種常見的咖啡香氣，分辨四種有機酸，透過三角試驗找出產地不同的咖啡，並對二十四個樣品進行標準的咖啡品味方法，也就是所謂的「杯測」。

這些測驗不只檢驗考生對於咖啡的品鑑能力，也在測試考生與生俱來的品味能力。比方說，有項測試的題目是九杯一模一樣、看起來像水的玻璃杯，考生必須分辨哪三杯是甜的、哪三杯是酸的，以及哪三杯是鹹的，並且在這三組中分別排出味道強烈程度的順序。有些風味的濃度很低，幾乎無法察覺。能否正確判斷風味的濃度對於 Q Grader 來說非常重要，因為每位分級師的標準必須一致。如果將相同的咖啡交給世界各地的 Q Grader 鑑定師，照理來說，每位鑑定師給出的總分應該只有幾分之差。問題並非「這是有點酸、很酸還是完全不酸？」這麼簡單，如果某位 Q Grader 將一杯咖啡的酸度評定為 7.25，其他 Q Grader 就要能明確知道這個酸度代表多酸。

「這是為了增加客觀度，」在咖啡界擁有超過二十五年經驗的國際咖啡實驗室（Coffee Lab International）總監雪儂．切尼（Shannon Cheney）表示。正因分級非常需要保持一致性，Q Grader 咖啡品質分級師有別於許多專業品味認證，每隔三年就要進行校正評鑑，通過才能維持認證資格。「不管是誰，都可以給某個東西打分數。只要懂得相關用詞，任何人都能天花亂墜地形容自己的味覺體驗，」擁有羅布斯塔咖啡和阿拉比卡咖啡 Q Grader 資格的切尼說，「但唯有取得這些認證，你才有資格說：『對，所有細節我都分得出來。』其他跟你採用一致標準的人，也會給出同樣的評價；這就是能讓你避免流於主觀的方法。不過品味涉及感官，所以多多少少還是帶有一點主觀。」

切尼和其他 Q Grader 仍有在某些產業競賽中擔任評審，結構類似崔倫布萊當評審的那些消費者取向的比賽。不過切尼參與的咖啡競賽，受眾通常是批發買家、烘豆師和業內人士，跟咖啡店顧客沒什麼直接關係。通過認證的 Q Grader 可以評估咖啡的品質，進而評分。如果評分超過八十分，咖啡農就可以用咖啡賺到更多錢。就算得分不如預期，知識淵博的分級師也可以提供意見，讓咖啡農了解咖啡豆的缺陷何在以及如何改善。

要評估葡萄酒、烈酒或巧克力磚的品質，得考慮釀酒師、蒸餾師或巧克力製造商為了最終成品對原料做過哪些處理。有時，生產過程中會混合不同的葡萄，或者加入色素、糖或天然甜味劑。生產者要決定製造過程需要陳化多久，或是否要在未經陳化的情況下參加競賽。而評審必須判斷是否認可這些決定，判斷生產者的選擇是否讓成品的品質更上一層樓。這樣的評定方式，就有別於由切尼等認證分級師擔任評審的競賽，例如自詡為「業界首屈一指的精品咖啡競賽，旨在發掘優異出色的咖啡並獎勵咖啡農」的卓越盃（Cup of Excellence）。

「如果你要品鑑的是咖啡豆或可可豆之類，著眼的是人類的影響。」切尼表示，「我們會看到農法本身對於咖啡豆或可可豆等原料的風味會產生什麼作用。」

切尼和其他同行品鑑的，並不是咖啡師在咖啡店裡為你製作的拿鐵咖啡和馥列白咖啡（flat white），而是咖啡豆本身的品質高下。在霍奇森研究論文中提到的那些競賽，獲獎品項的生產者未必能因得獎而獲益；但是農民如果得獎的話，馬上就能提高收入。

「農夫若拿作物去參賽，有機會賣到更好的價格，」切尼說，「我覺得這種競賽非常有趣，而且對於產業中的任何人都有益。」

那麼，切尼和其他 Q Grader 做的事情，你也做得到嗎？或許經過十年左右的專業訓練，你也可以。若換成當地農產品市集上的比賽呢？如果你認為自己已經做足品味練習，不妨大膽一試！不過，別忘記參考評審團團長的經驗和建議。想成為評選餐廳、評定星等的美食專家嗎？勇敢追求吧，相信你的敏銳和嚴謹不會輸給其他專家。

8 一加一等於七

「把芥末醬加進你的布朗尼蛋糕。」

我笑了笑，不知道該說什麼。這是在開玩笑嗎？還是什麼測試？他是不是故意講一個奇怪的食材組合，要看我會有什麼反應？

「不，我是說真的。這就跟巧克力加咖啡一樣，只不過換成巧克力加芥末。芥末會帶來一些酸味，增添一點對比。」擁有官方認證的芥末醬大師布蘭登·柯林斯（Brandon Collins）主廚說。

這個頭銜一開始讓我有點懷疑。我的意思是，現在是什麼東西都有選品大師了嗎？不過，柯林斯的這個頭銜可是有超過兩百七十五年的歷史背書。他任職於知名的芥末醬公司馬耶（Maille），創始人安托萬-克勞德·馬耶（Antoine-Claude Maille）在一七四七年寫道，他旗下的每家商店都應該配一位專任的芥末醬大師。為了取得這個頭銜，柯林斯在法

國受過為期十週的密集培訓，期間認識了芥末籽的所有品種（共有三千多種，但我們會拿來吃的只有三種）、了解這些芥末籽應該是什麼樣的味道，以及芥末籽會如何影響芥末醬的風味。

「如果沒有真正高品質的種子，絕對做不出道地的第戎芥末醬。」柯林斯告訴我，從味道就能馬上得知種子的狀況：當你吃到優質的種子時，「會有一點苦味，但吃起來還是很不錯，就像蕪菁葉一樣。你不會希望吃到任何焦苦的味道。」乾芥菜籽單獨吃起來非常苦，必須跟液體混合之後，才會展現出我們熟知的那股辛香料風味。

傳統第戎芥末醬的液體成分是酸葡萄汁（verjus），也就是壓榨尚未成熟的釀酒用葡萄所製成的酸味汁液；不過現代第戎芥末醬會使用各種白葡萄酒和醋來產生這種葡萄酸味。味道強烈的芥末籽、鹽巴和帶有些微刺激感的酸葡萄汁，三者間的平衡決定了芥末醬成品的風味特徵，有可能酸度十足、鮮明刺舌，也可能是口感滑順又略帶甜味。這些特質決定了芥末醬和其他食材搭配起來的效果，例如黑巧克力軟心布朗尼的食譜。

柯林斯並不是煮什麼都想加芥末醬的怪人。他從美國烹飪學院（Culinary Institute of America）畢業之後，做了將近二十年的廚師，然後才成為北美地區唯一的芥末醬大師。柯林斯在還是個年輕廚師時，為了達到想呈現的豐富層次和平衡感，有時會在菜餚裡加入十幾種以上的風味。「現在的我如果要用某個食材，一定是有特別的原因；有時候還是需要用到十幾種，但我現在的料理整體來說比以前簡樸。」他補充道，「設計一道菜的關鍵，在於風味的平衡。用到芥末醬的時候，就是我想要有酸味、一些甜味、一些苦味，還有辣味，但必須能融入鹹味、油脂以及料理中其他食材的風味。」

柯林斯設計出芥末布朗尼，靠的是食材成分之間的關係，包括：苦甜巧克力、大量的糖、打發的奶油和辛香濃烈的芥末醬。這些材料融合在一起，提升了可可風味，讓巧克力的味道變得更加豐富，又不會過於厚重。

像柯林斯這樣的廚師會運用自己對基本味道相互關係的理解來製作創意料理。鹹味、甜味、鮮味、酸味和苦味，藉由彼此強化或相互抑制而產生交互作用。一旦你熟悉了這些交互作用，芥末醬跟黑巧克力這樣的組合就不會讓你震驚，反而相當理所當然。

鹹味

鹽可以增強甜味。這就是為什麼星巴克聲稱焦糖醬中的海鹽和結晶蔗糖，能讓你在享用海鹽焦糖摩卡星冰樂時感受到「層次最豐富的味覺體驗」。在瑪格麗特雞尾酒的杯口沾上細鹽，也是為了這種交互作用。鹽能強化橙酒的甜度，並帶出萊姆汁的甜味。

鹽還能降低苦味。因此，瑪格麗特雞尾酒杯口上的鹽，也有助於平衡萊姆皮本身的苦味。我看過一堆美食類的電視節目，其中最喜歡的一個祕訣，是看艾頓．布朗（Alton Brown）的《美食》（*Good Eats*）學到的：像平常加糖那樣在咖啡杯中放入一小撮鹽，可以有效中和咖啡的苦味。早上需要攝取咖啡因的時候，與其讓糖分害你過度亢奮，不如在咖啡機旁伸手可及之處放一些薄片海鹽。鹽之所以能達到減少苦味的效果，原因在於鈉與味覺受體的結合方式。而低鈉鹽總讓人覺得不像真正的鹽，是因為舌頭上缺少了鈉離子結合的作用。

整體而言，可以說鹽是一種增味劑，能引出食物原有的風味，讓味道更明顯。據科學家表示，原因有好幾個。首先，鈉會阻斷苦味受體，讓味覺系統不會被討厭的苦味化合物干擾，能夠感知其他味道。許多用到抱子甘藍的食譜都會用到鹹味重的培根，因為鹽可以降低抱子甘藍本身的苦味。

鹽之所以能夠全方位提升風味，另一種解釋是：鹽會在許多食物的表面形成一層液態的風味膜。將鹽灑在食物上時（尤其是濕潤、溫熱的食物），鹽會透過滲透作用，將風味豐富的汁液吸引到表面，形成一層薄薄的風味鹽水溶液，包住你準備享用的食物。這層充滿風味的液態膜包含各種化合物，一旦接觸到你的舌頭，就會沿著鼻後通道往上升，直達嗅球。我高中時有個朋友，他吃番茄的方式就像吃蘋果一樣，直接咬下一口淺紅色的果肉，在上面撒點鹽，然後再咬一口。那畫面深深地印在我的記憶裡，因為當時我覺得超奇怪的；現在我認為那是天才之舉。

甜味

對抗苦味的另一個武器，就是甜味。有些咖啡和巧克力帶有甜味，就連裝飾雞尾酒用的橙片上面，都可以看到一層糖漬的硬脆結晶，讓乾橙片不苦澀。這些情況背後都是同一個原因：甜味可以減少苦味。

鹽和鮮味都會增加甜味。科學家讓受試者品嘗各種海鮮，結果發現，如果在魚肉中加入鮮味化合物，即使鮮味本身淡到吃不出來，受試者也會覺得變甜了。若拿掉充滿鮮味的麩胺酸，甜味就明顯減弱。先前有提到，加鹽會讓人感覺甜味增加，這就是大多數甜點食譜都會用到至少一小撮鹽的原因，也有很多食譜寫到可以多用一點鹽當裝飾。懂得品嘗的人都知道，用脆口的海鹽片裝飾其實不算是建議，而是成就完整風味的必要之物。甜味還能削弱酸味。那種裹滿超甜糖粉的超酸糖果，就是這種作用最直接的例子。比較大人的版本，則是在原本偏酸的瑪格麗特雞尾酒中加入糖漿或橙酒。加糖並不會完全消除酸味，但可以讓味道達到平衡。檸檬水若是太酸，只要加入一包又一包的糖，最後就會變得好喝。

有時，大自然本身也會去平衡味道；比方說，番茄中要是沒有天然的糖，會酸得令人難以忍受（而且番茄還有滿滿的鮮味，會進一步提升甜味）。

二〇一〇年的一項研究發現，一般來說，當好幾種味道混在一起時，甜味不會被蓋過。當甜味與等量的苦味、酸味、鹹味或鮮味混合時，甜味會成為主要的味道。考慮到這一點，如果你要用糖包來平衡酸味或苦味，記得慢慢加，因為甜度會迅速提高。

鮮味

鮮味是最晚定義的基本味道，我們對鮮味的認識也在持續增進。雖然鮮味在某些歷史深遠的料理當中是相當重要的元素，卻少有實驗專門測試鮮味與其他口味的關係。不過我們可以確定一件事情：其他基本味道都會抑制人對鮮味的感知。從定義上來說，料理中的鮮味強度本來就偏低，而且很容易被其他風味蓋過。鮮味如此難以感知，並不是因為昆布、番茄、蘑菇或帕瑪森起司等鮮味食物的風味特徵，反倒可能與我們的鮮味受體有關。作家鮑伯・霍姆斯（Bob Holmes）在《風味》（*Flavor*，暫譯）一書中，敘述了羅格斯大學營養科學系教授兼莫內爾化學感官中心成員保羅・布雷斯林（Paul Breslin）提出的暫定理論：「當鮮味濃度偏低時，我們的鮮味受體其實就已經達到感知極限了，因此我們本就無法像**非常**鹹或**非常**苦那樣，體驗到**非常**鮮的味道……由於我們的感知器官生來如此，鮮味只會是一種隱約的感覺。」太鹹或太甜的菜餚，只要吃一口就可以辨識出來，但無論往菜裡加多少匙味精，你都不會吃一口然後心想：**這太鮮了**。

因為有這個理論上的濃度閾值上限，把鮮味視為與其他基本味覺競爭的風味其實並不恰當，最好是把鮮味當作能為料理增添層次感，或讓其他風味更加鮮美的方式。如果要讓料理的風味明顯是以鮮味為主，其他味道就必須淡一點，就像第二章提到的羊羹。

酸味

酸會提升味道的明亮度，或是降低鮮味。魚露和萊姆就是經典的搭配組合。當湯的口感因鮮味而變得過於圓潤或柔和時，加入萊姆可以有效提味。這就像是在鋪滿天鵝絨的昏暗沙龍裡點亮一顆燈泡；整體氛圍依然慵懶誘人，但微光勾勒出每樣東西的輪廓，讓家具不會隱沒在黑暗之中。同樣地，酸可以平衡甜味和濃郁感。這讓我想到〈（將萊姆放入）椰子汁〉（[Put the Lime in the] Coconut）這首歌。甜得發膩的椰漿會因為油脂而顯得有如糖漿般濃稠，即使用攪拌機攪打製成飲料或甜點，也會讓人感覺口感厚重。不過，只要擠一點萊姆汁進去就可以減少厚重感，就像幾許光線從甜膩厚密的椰奶雲層穿透出來。柑橘類果汁或醋的提味效果，幾乎在哪都很受歡迎。

苦味

談到味道的交互作用或風味搭配時，苦味是基本味道中最難預測的。我們有二十五個專門感知苦味的味覺受體，因此有些科學家認為人其實可以分辨出不同「種類」的苦味（許多廚師也贊同），例如柯林斯在談到芥菜籽時，就提到有「蕪菁葉」那種討喜的苦味，以及令人不喜的焦苦味。這或許就是苦味在搭配時難以預測的原因之一。

苦味會受到鹹味抑制。常有人把椒鹽蝴蝶餅和啤酒花啤酒搭在一起，因為這兩者能形成完美的味覺循環。啜飲一口啤酒感受到的苦味，可以用鹹鹹的椒鹽蝴蝶餅調和；當帶有苦味的啤酒花化合物受到鹽的抑制時，還能突顯出啤酒風味的一些細節。嘗過餅乾的鹹味之後，正好喝一口啤酒解渴，然後再來一遍！

一般來說，當酸味的濃度較低時，加入苦味反而會增強對酸味的感知。原本只是好像有點酸的東西，可能會變成明顯的酸味和苦澀。因此，大家常認為酸味和苦味不搭。然而，只要手法高明，加上懂得苦味是如何增強酸味的原理，也可以讓酸和苦在交互作用之下變得美味。這種組合在亞洲美食和雞尾酒調酒當中很常見。奇怪的是，這兩種味道最容易讓品味新手混淆。這種被稱為酸苦混淆（sour-bitter confusion）的現象讓感官科學家十分不解，而且只有在英語系國家觀察到這樣的情況。有個可能成立的假設是，英語系國家的人接觸酸味或苦味的頻率不夠高，因此難以分別辨識出這兩種味道。

苦味會降低甜味。如果是很苦的咖啡，就算你加進一整匙的糖，也不會覺得苦味大幅減少。然而，過於甜膩的香草冰淇淋，若是搭配有點苦的黑巧克力脆皮，卻可以調和得很好。

在了解各種味道是如何相互作用之後，芥末布朗尼的做法就顯得相當合理。但我心中疑慮未消，畢竟實在太奇怪了，辛辣尖銳的芥末和濃郁的軟心布朗尼差異這麼大，就算知道酸會降低甜味、鹽會增強所有味道，也難以彌補這道巨大的鴻溝。不過，我從馬耶公司網站下載了柯林斯那份芥末布朗尼食譜來試做，也在我自己的布朗尼食譜中嘗試加入芥末，結果兩種布朗尼吃起來都意外地美味。我不是理想的試吃員，因為我暗自希望這兩個布朗尼是成功的，也許會無意中忽略什麼「異常」的風味。幸好，我正要去參加一場不定期聚會，要見的三位朋友是以前在美國美食頻道參加某個盲品節目時認識的，正是完美的受試者。我們四人從未出現在正式播出的節目中，但我們因為對風味的癡迷和被排除在節目之外的不愉快，成了意氣相投的朋友。他們三位分別是乳酪專家、食譜開發員和調酒師，全都擁有對品味的好奇心和訓練有素的味覺。

為了讓這次試吃成為真正的實驗，我做了三批布朗尼蛋糕，第一批加了一大匙濃縮咖啡粉，第二批加了一大匙新鮮的第戎芥末醬，除此之外，這三批布朗尼的材料完全相同。為了方便攜帶，我用瑪芬蛋糕的烤模來烤製布朗尼。芥末布朗尼是用藍色烤模紙杯裝著，咖啡布朗尼用紫色烤模紙杯，普通布朗尼則是紫色圓點的烤模紙杯。我帶著這些布朗尼，前往位於布魯克林的狂野東部啤酒廠（Wild East）。

等大家拿著啤酒坐下來、聊過各自的近況之後，我就開始進行品味測試。

我請三位朋友將這些布朗尼從最甜到最不甜依序排列，然後告訴我他們最喜歡哪一種。最不甜的布朗尼結果揭曉，藍色（芥末布朗尼）獲得兩票，圓點（普通布朗尼）獲得一票。三個人都認為紫色杯子（咖啡布朗尼）是最甜的。接下來就是關鍵時刻了：哪一種布朗尼蛋糕最受青睞？有兩位投票給藍色杯子，認為這是他們在三種布朗尼當中最喜歡的一款。

我把祕密成分是什麼告訴了他們。

「不會吧！」

「少來！怎麼可能？」

「等等，你為什麼要做這種鬼東西？」

「我確實覺得藍色的有個——我不會說是乾燥感，但是有點像鹽味……」

「欸你剛才說紫色的是用什麼做的？」

我可以確定，沒有人在第一次品嘗時就發現加了芥末醬。我們吃著剩下的實驗品，閒聊接下來的計劃，還議論菜單上的某款啤酒應不應該標示為有「酸味」。接著我們去附近的燒烤店，點了一些肉當宵夜來分食。黑板上的菜單旁寫著一行字：「歡迎品嘗本店榮獲世界冠軍的芥末燒烤醬。」我試了試味道，可以保證，吃起來一點都不像布朗尼。

像柯林斯這樣的廚師，會運用這些基本味道的交互作用來搭配一道菜的食材；當你要為食物搭配飲品或其他食物時，也可以參考這些交互作用的原則！為了探究食物與食物的搭配，我來到位於奧勒岡州西部、頭上有一群飛天起司的蒂拉穆克乳製品廠（Tillamook Creamery）——嗯，不考慮位置的話，它們就只是一塊塊亮橘色的起司。入口處擠滿了家庭遊客，要不是正走向自助餐廳的排隊行列（沒錯，裡面供應的餐點全都跟乳製品脫不了關係），就是正踏上台階，準備參觀起司生產設備。我本以為這間擁有一百多年歷史的起司製造廠會充滿鄉間農場的氛圍，沒想到是充滿銳利的稜角和乾淨到無可挑剔的玻璃。

「喔，沒錯，我剛來這裡時根本沒有那些東西。」蒂拉穆克郡乳製品協會（Tillamook County Creamery Association）的產品卓越總監吉兒・艾倫（Jill Allen）一邊說，一邊指向現代化的室內裝潢和懸掛在天花板上的飛天起司。她在蒂拉穆克已經工作二十幾年，我猜想她大概從入職的第一天起就對起司充滿熱情。艾倫負責蒂拉穆克的品質管控工作，這代表她需要監督控管品質的感官評測團隊，以及由員工自願組成的定量描述性分析（QDA）小組。她每年都有一個超級有趣的任務，那就是跟蒂拉穆克的行政主廚喬許・艾奇包德（Josh Archibald）合作，為蒂拉穆克的各款產品找出風味最協調的搭配組合。蒂拉穆克有一個名為「大師珍藏」（Maker's Reserve）的熟成計畫，每年重新評估入選起司的搭配方式，因為起司的風味特徵會隨著熟成而改變。二〇一三年剛生產時味道鮮明的切達起司，到了二〇二三年，可能會轉變為飽滿濃郁、帶有堅果味和熱帶風味。

提到艾倫和艾奇包德主廚那個非比尋常的風味搭配日時，蒂拉穆克的一名員工說，「你真該看看他們那張桌子，幾百種東西在上面一字擺開，他們就繞著長桌轉來轉去品嘗。」桌上會擺滿起司拼盤中的常見食品，像是果醬、堅果和熟食冷肉，還有一些意想不到的食物，例如牡蠣、康普茶、各種蔬菜、蘋果酒、果汁和肉醬等。艾倫和艾奇包德得為每款起司找出最適合搭配的甜食、鹹食、葡萄酒、啤酒、雞尾酒和非酒精飲料。無論哪種組合，自家起司都要是主角。

這讓我想到了食物搭配的第一法則：掌握主菜。在搭配時，應該突顯哪些元素、食材或特定風味？先回答這個問題，就會知道如何做出其他決定。

食物搭配的第二法則：強度平衡。你必須確認主菜的風味強度，是鮮明強烈、讓人吃一口就不由得驚嘆？還是輕盈細緻？我們若要以艾倫的切達起司為重點，所有搭配的食物，風味強度都不能超過切達起司。「我以前會搭配辣醬，但起司的味道必須撐得起來，」艾倫告訴我，「輕度熟成或中度熟成的切達起司就不行，味道會被辣醬蓋過去。」

「我替二〇一三年份的起司選了一款司陶特啤酒，口感醇厚，跟長期熟成、風味濃厚的切達起司相得益彰。」相較於這塊熟成十年的起司，另一塊二〇二〇年生產的起司還只是個小寶寶，放在它旁邊準備搭配的是味道較輕柔的皮爾森啤酒。今天，艾倫和我要品嘗即將上市的三款「大師珍藏」陳年起司。還有另一款非常特別的起司。

「這是我從英格蘭薩默塞特地區帶回來的，也就是說，是在英國切達峽谷製作的切達起司。」艾倫微微一笑。「我向來很少跟別人分享我的起司，但我真的想讓你嘗嘗看。」

桌上有兩塊長形木板，各放了四種起司、三款啤酒，以及橄欖、餅乾、糖果和果醬等配料。我們打算來一場小型的風味搭配會，比她和艾奇包德主廚每年例行的風味搭配日規模小得多。食物和飲品或食物之間的搭配，通常分成四大類別。我稱之為4C：互補（Complement）、對比（Contrast）、切割（Cut）和創造（Create）。

互補

對於互補搭配法，我稱之為「理所當然」的搭配方式。不難想像，香草冰淇淋和濃稠的焦糖醬結合在一起，可以突顯出乳製品的奶香和整體的甜味。草莓冰茶搭草莓派？很合理吧！互補搭配相當好懂，但不代表風味就比較不出色；這種方式反倒可能是最令人滿意的組合。

對於蒂拉穆克二〇一七年的大師珍藏起司，艾倫形容它酸味鮮明，適合搭配具有清新酸味的水果：覆盆子。她和艾奇包德主廚就是以這個方針為二〇一七年款起司選出搭配的蘋果酒：覆盆子蘋果酒。另一個互補搭配的例子，是她為山核桃煙燻特強味切達起司所挑的官方推薦搭配：烤香腸、烤核桃和烤熱帶水果，這些配料各有自己的煙燻風味，跟煙燻起司相得益彰。簡單來說，就是找一種能讓起司跟配料搭配起來更和諧的互補元素。

然而，互補搭配的成功原因未必都這麼明顯。哥本哈根大學食品科學系的研究人員花了好幾週，仔細剖析是哪些分子化合物讓香檳和牡蠣成為熱門組合。他們發現雙殼貝類跟使用自身酵母陳釀（也稱為「浸渣」）製成的香檳一樣，擁有難以察覺的鮮味化合物，所以配在一起相得益彰。當你第一次品嘗這兩樣東西時，可能不會馬上意識到鮮味的存在，但其實鮮味就是讓這個搭配成功結合的元素。

對比

對比搭配法的效果，源自相反的質地和／或風味。艾倫選了一款帶有烘烤風味、口感清爽的司陶特啤酒來搭配熟成的切達起司，以鮮明的對比分別突顯兩者的特色。起司吃在嘴裡感覺綿密滑順，司陶特啤酒的尾韻則帶有苦味且乾爽，甚至略帶澀感。乳韻十足的起司和乾型的司陶特啤酒形成強烈對比，襯托出起司那柔順絲滑的口感。若少了司陶特啤酒的對比，這款起司的口感可能就跟其他切達起司差不多。讓這個組合產生效果的第二個元素是烘焙風味。司陶特啤酒帶有些許咖啡和黑巧克力的香氣，與艾倫這款起司的香甜奶味形成鮮明對比。我為這個組合寫下的風味註解是「海鹽焦糖」，而艾倫的註解是「焦糖牛奶醬」——非常接近！身為一個訓練有素的品味師，看到自己的感官與其他專業品味師的結論接近，不免令人興奮；顯然在這款司陶特啤酒的對比之下，起司的甜味和鹹味非常成功地突顯出來。有關對比搭配法，還有一點值得注意：廚師常會在其他類型的搭配中運用對比的質地。帶有嚼勁的蜂巢片與柔軟綿密、淋上蜂蜜的冰淇淋，除了是互補搭配，還有質地上的對比搭配。嚼勁是一個非常吸引人的元素，對美國人來說更是如此；因此，許多具有奶油感或柔軟質地的餐點都會加入某種質地上的對比，好吸引我們的注意力。

切割

切割搭配法正如其名：搭配組合的其中一方就像刀子一樣，削弱了另一方某個主要成分的存在感。這種搭配方式通常是為了減少油脂、香料或甜味的影響。薄荷的清涼感，可以削弱白巧克力那厚重、甜美、奶膩的口感。這種交互作用，就是聖誕薄荷巧克力（Peppermint Bark[譯註]）大受歡迎的原因：薄荷削弱了巧克力的厚重感，所以吃起來不會覺得味道太濃。將大量蜂蜜淋在超辣的辣椒傑克乳酪（pepper jack）上面，也能發揮同樣的作用，因為甜味可以削弱灼辣感。

不過，艾倫和她的工作團隊可不希望起司那濃郁柔滑的風味被任何東西削弱！那樣就跟突顯起司的本意背道而馳了。另一方面，芥末醬大師柯林斯正是使用他的明星產品來削弱其他食材的某些味道。柯林斯告訴我，他覺得有一種甜點搭配非常出色（這次不是布朗尼了）：「我真的很喜歡挖一勺傳統芥末醬，放在品質很好的香草冰淇淋上面。我說真的，那個苦、那種甜、那一點點的酸，全都搭配得恰到好處。」他微笑起來，繼續說，「芥末正好削弱了高脂冰淇淋的甜膩和奶味，讓所有味道都變得更明亮清爽。」

創造

在我今早抵達之前，艾倫挑了幾樣新東西來搭配起司。她顯然很高興能把這些食物拿來跟她已經萬分熟悉的幾款起司搭在一起品嘗。「我知道綠橄欖跟二〇二〇年那款很搭，不過我很好奇這個會如何。」她微笑指向一個罐子，「這些橄欖浸泡過柑橘汁，我們等著看搭起來怎麼樣吧！」

最後一種搭配法，是最異想天開的。「創造」這種搭配法的運作機制很難說明清楚，聽起來總是有點不可思議。兩種東西分別嘗起來是一回事，但是放在一起品嘗的時候，不知為何會出現一種新的味道。有時，這個新味道跟存在於你腦海中的記憶有關。果醬感強烈的美國混釀紅酒和自製的花生糖搭配在一起時，會創造出花生果醬三明治的風味，即使其中根本沒有花生果醬三明治的任何元素。其他創造搭配法的例子就未必那麼美妙了，例如熟透的桃子遇上羊奶起司時，偶爾會出現杏仁的味道。艾倫在為橄欖加味之後，似乎發現了一種創造搭配法的組合。

譯註　Peppermint Bark，通常以混有薄荷拐杖糖碎片的白巧克力覆蓋在黑巧克力上製成，在聖誕節期間特別熱門。

「用這種帶有柑橘風味的橄欖搭配起司，會讓那股明亮的尾韻更明顯，真的很有趣，吃起來感覺完全不一樣。」她講「不一樣」的時候，語氣就像你安慰朋友說他的實驗性單人表演「很有趣」一樣。這個組合其實還不賴。如果艾倫不需要刻意保留二〇二〇年款切達起司的核心風味特色，這可以說是個很令人讚嘆的搭配。橄欖的柑橘味從這款相對年輕的起司中帶出一些乳酸風味，產生一種介於檸檬皮和橙油之間的柑橘風味。若不是這樣搭著吃，我絕對沒辦法在這款起司中發現水果風味。而橄欖本身的味道，比起柑橘類水果更接近核果。

「佐餐的食物可以引出不同的風味特徵，並強調特色，非常有趣。」艾倫說道。

即使這個組合不會成為蒂拉穆克二〇二〇年大師珍藏起司的官方推薦搭配，她仍然對探索風味著迷不已。

互補、對比、切割和創造並非不容更改的規則，因為搭配這件事情原本就沒有硬性規定。很多搭配都是看起來應該不錯，但實際上不怎麼樣。還有一些食物搭配看似不合常理（例如白巧克力跟魚子醬，對吧？），卻會成為令人難忘的組合。搭配，就跟品味的任何層面一樣，是主觀的，而非純粹的科學。這並不代表沒人試圖將品味這件事情科學化。食物配對公司（Foodpairing）做了一個資料庫，根據食物的化學成分來組合搭配。這個資料庫的建構理念在於，大部分香氣特徵相同的食材，通常搭配效果都不錯。這似乎有幾分道理：最受歡迎的搭配組合大多是互補搭配，藉由共同的風味讓食物吃起來融洽和諧。

食物配對資料庫的建置理念，來自科學式搭配運動的先驅：赫斯頓．布魯門索（Heston Blumenthal）。布魯門索最廣為人名的身分是肥鴨餐廳（The Fat Duck）主廚，也是最早採用另類方式融合科學與食物、推廣多重感官烹飪（multisensory cooking）的廚師之一。他在肥鴨餐廳做菜時，發現了白巧克力和魚子醬之間奇特而美妙的交互作用。布魯門索對這種食物搭配法的好奇心，成了一切的開端。他找了一位科學家朋友來研究這個組合為什麼能成功，結果發現魚卵和可可脂都含有一種風味化合物，那就是三甲胺。兩人於是開始徹底改變製作菜餚和設計菜單的方式。他們提出「食物搭配假說」，主張應該根據化學成分來搭配食材。到了二〇〇二年，食物搭配假說已變成了「食物搭配理論」。此時布魯門索聲稱，從兩種食材共同擁有的芳香族化合物數量多寡，可以看出兩者是否適合搭配食用。共同的化合物越多，搭配效果就越好。

然而事實證明，兩種食物適不適合搭配並非取決於風味化合物，而是取決於人類的鼻子、味覺受體和大腦，因為根據這個理論建立的食物配對資料庫提出了顯然不對勁的怪異組合。根據這套（提供廚師按月付費使用的）軟體建議，咖啡、巧克力和大蒜是絕佳組合，蘆筍和櫻桃也是絕配。嗯……太怪了吧！

正如我先前的說明，在食物搭配成不成功這件事情上，文化背景和個人經驗比懸浮在食物周圍的分子更有影響力。因此，布魯門索後來摒棄了自己的食物搭配理論，也不再繼續推廣。他在二〇一〇年為倫敦《泰晤士報》（*Times*）撰寫的相關文章中表示，「我現在明白，分子資料庫既不是通往成功風味組合的捷徑，也並非萬無一失的方法……」下文提到：「兩種食材有一個共同的化合物，並不足以證明兩者相合。如果我當時知道這件事，可能根本不會去嘗試這種搭配風味的方法。」

我懷疑布魯門索之所以覺得有必要做此聲明，只是因為根據這理論所提出的失敗搭配太多了。

我發現搭配失敗主要有以下三種情況：強度不對等（Intensity Mismatch）、風味衝突（Clash）或風味沖淡（Wash）。

強度不對等很容易注意到，就是一個元素完全抹除另一個元素。一塊鹹香的丁骨牛排配上大量奶油，會完全抹殺香檳中細緻的蘋果香和奶油麵包香氣。糖漿般的巴薩米克醋醬，會蓋過淡牛奶巧克力帶來的任何風味。

風味衝突是指兩個元素碰在一起時會「打架」。愛爾蘭司陶特啤酒偏乾的烘烤風味，與洛克福藍紋起司獨特的奶味相互抗衡，留下一股很像金屬味的味道。含鐵量高的紅酒和富含油脂的魚肉產生衝突，會出現一股不討喜的餘韻而且久久不散。

風味沖淡是最難察覺的搭配失誤。如果把一種元素加入另一種元素後，反而讓風味變得更淡，就屬於風味沖淡的情況。一杯酸度高的查布利白葡萄酒，不僅無法讓德式巧克力圓蛋糕的濃郁風味變得明亮，反而會悄悄消失在這道甜點中，並且減弱整體的可可風味。嘗試互補搭配法時，最有可能發生風味沖淡的失誤。比方說在藍莓優格中加入一匙藍莓醬，會讓兩者的莓果味都變弱。

艾倫的另一組搭配就出現了風味沖淡。她給我一些草莓香檳果醬，這也是她打算跟我一起嘗試的新組合。我們各自挖了一點果醬嘗嘗看。「我喜歡這果醬，」我說，「我不確定這是不是香檳味，但嘗起來比草莓醬更有趣。」

她覺得這款果醬可以跟起司香甜的焦糖味和堅果味互補。分開品嘗時，確實感覺這兩者會是完美的互補搭配。但是放在一起品味，卻讓那股原本就微弱的香檳風味變得更不明顯。

「老實說，我從來沒有試過這樣搭，好像不怎麼樣。」艾倫難掩失望，「我是覺得，這個搭配讓二〇一三年份的切達起司風味變淡了，原本……單獨吃起來的時候是很棒的，但果醬反而讓起司的味道減弱了。我自己是不怎麼欣賞這組合。」草莓香檳果醬跟起司放在一起品嘗時，兩者的味道都會減弱，這和創造搭配法成功時的情況正好相反。

艾倫坐了一會兒，然後說：「其實，我覺得這就是大家應該自己動手做起司拼盤的原因，可以好好享受其中的樂趣。有些東西可能不搭，那又怎麼樣呢？討論怎麼搭配、體驗各種不同的味道和質地，光是這些就很有趣，」此刻的她面帶微笑，「就像我們這樣！我最喜歡跟其他懂得品嘗的人交換意見了。」

上述都是食物搭配的基本規則。味覺的交互作用奠基於科學，儘管科學根據有時仍會變化。風味交互作用的4C定義並不是非常明確，比較像是集體智慧和經驗累積出來的參考原則。正如布魯門索後來的體悟，食物搭配這件事情太過主觀，沒辦法套用一成不變的規則。你可以透過練習，避免搭配出強度不對等的組合。但即使經過縝密思考，也可能出現風味衝突或風味沖淡的結果。食物搭配沒有絕對正確的答案，最重要的是你能享受過程。每當臨近重要節日，我們都會看到「威士忌和萬聖節糖果怎麼配」、「跟聖誕薄荷巧克力絕配的葡萄酒款」和「跨年喝香檳，就是要配這些起司」之類的標題。我曾經負責撰寫這類內容，熟知作者對於自己的組合總有一套邏輯。不過，既然你已經讀過本書的八個章節，一定很清楚品嘗和邏輯沒什麼關係！你可以把這類搭配建議當成實驗機會，看看你覺得如何，但若發現更喜歡的組合，儘管把那些建議拋到腦後吧。

某間餐廳的飲務總監倚著冰冷的大理石吧台告訴我，他認為喝雞尾酒的時候根本不應該吃東西，因為酒精會讓味覺麻木；但是，很多人喜歡在用餐時調酒。有位釀酒師跟我說，別管我聽過什麼，他百分之百確定沒有任何啤酒跟番茄醬會搭；然而，皮爾森啤酒和披薩正是歷久不衰的經典組合。我去紐西蘭時，有位旅館老闆告訴我，吃水果配馬麥醬（Marmite[譯註]）會把味道整個毀掉。想當然，她一走出視線之外，我就馬上嘗試了。（要說吃起來怎麼樣，我是覺得不適合膽小的人，但還不錯！）

這一章可以作為參考指南，但你也可以遵從內在渴望、發揮創意。拋開傳統觀念，別再認定食物應該搭配價格差不多的飲品（例如昂貴香檳要搭配魚子醬這種邏輯）。魚子醬可以跟便宜的洋芋片一起吃，香檳也可以配外帶美食。忘了「生長在一起的最相配」那句老話吧！效仿那些才華洋溢的年輕人，探索美食的無限天地，透過食材搭配消弭文化和傳統的藩籬。傑克・貝格多（Jack Beguedou）就是這樣的人，他是威士忌專家，也是我喜歡的Instagram 帳號「Hood Sommelier」的創作者。貝格多對美國威士忌和非洲料理充滿熱情，為了融合這兩樣東西，他創辦了一個巡迴活動：非洲風味融合派對（Afrofusion），既是餐聚，

譯註　Marmite，一種用釀酒剩下的酵母提煉出來的抹醬。

也是舞會，所有餐飲都是貝格多根據他細膩的美食品味所設計。

「我們親友聚會時，會吃加羅夫飯（jollof rice 譯註）、雞翅和鳳梨，還會一邊喝威士忌，通常是單一麥芽威士忌，」貝格多說，「我想讓大家改搭波本威士忌。」一開始，他向朋友們推薦波本威士忌時，大家都說，「哦，那太甜了，那是白人在喝的。」當他跟同樣愛好波本威士忌的人聊起非洲料理時，對方不是認為口味太辣，就是對吃山羊肉這件事感到驚訝。事實上，這兩個反對理由恰好證明了波本威士忌跟非洲料理有多搭。「太辣」的食物很適合用來平衡「太甜」的飲品。貝格多表示，若要說這兩個圈子的人有什麼共同點，那就是都熱愛美食佳釀，所以他決定把大家湊在一起。這個活動後來在奧馬哈實現了，接著在路易斯維爾又辦了一次，貝格多還打算在華盛頓特區舉辦一場更盛大的活動。在非洲風味融合派對中，貝格多會提供一系列適合搭配純波本威士忌或波本威士忌調酒的菜餚。他把一個搭配組合當作活動核心。「米食是非洲料理的關鍵。我挑的是加羅夫飯，用番茄燉煮過的米飯，加上羅勒、茴香和所有你想得到的香料，然後放上山羊肉或牛肉。這樣的主食要搭配什麼呢？答案是波本調酒的經典款：古典雞尾酒（Old fashioned）。」貝格多的古典雞尾酒是用辛辣的辣椒苦精取代典型的安格仕苦精，這樣可以提高整體的風味強度，跟加羅夫飯更對味。還有，波本威士忌的香草和焦糖風味可以帶來一絲甜味，讓這個組合更平衡。為了強調這股甜味，貝格多在古典雞尾酒中加了一點可可，讓風味更融合。在活動中，客人們享用最經典的非洲菜，佐以最經典的波本雞尾酒，滋味絕佳。

「一開始提出這個構想時，我很驚訝居然有這麼多酒廠難以接受。就算這些酒廠看起來都很創新，還是有大概十家廠商拒絕了我。」貝格多告訴我。後來，貝格多找到天山酒廠（Heaven Hill）合作，成功舉辦了非洲風味融合派對，之後活動規模越來越大。「我本來預計四十五到五十人左右，但現在已經超過六十人了，我覺得以後會有更多人。」

我不訝異貝格多的活動受到歡迎。聚在一起嘗試意想不到的食物和飲品，本就是一件令人興奮的事情。這樣的組合正好證明了固守舊觀念會讓你錯過多少美好滋味。非洲料理和美國波本威士忌這樣創新而美好的搭配，就像在布朗尼中加入芥末，或在起司拼盤裡加入少見的食材。這些創意組合提醒著我們，美好風味源自於探索。不過，要是你找不到詞彙來形容這些精采冒險，探索又有什麼意思呢？

譯註　jollof rice，非洲民族沃洛夫人（Wolof）的主食，流行於西非地區。

9 舌尖上的詩人

「服務很棒，燈光美、氣氛佳，可以好好聊天……我記得那次我點了一份牛排，調味恰到好處，很好吃，我覺得要我吃兩份都沒問題。那一餐非常愉快，我很享受。」

「有一次，我在我最喜歡的餐廳點了義式臘腸披薩和水牛城辣雞肉披薩。我實在選不出要哪一個，所以就都點了，結果兩盤我幾乎吃完。」

「每年平安夜，我家義大利裔的祖父和希臘裔的祖母都會下廚，餐桌上會有加了培根粒的卡波納拉奶油義大利麵，還有自製菠菜派和香腸，百吃不膩。」

這三個回答都來自美國人，他們回答的是同一個問題：「你這輩子吃過最棒的一餐是什麼？」為了探究飲食方面的文化心態，賓州大學心理學教授保羅．羅津（Paul Rozin）向兩百位美國人提出了這個問題。羅津表示，他二〇一二年在丹麥哥本哈根舉辦的ＭＡＤ座談會上提到的這幾個答案，可以說涵蓋了他收到的大多數答覆（mad 在丹麥語中是「食物」的意思，英文則是「瘋狂」之意）。

讓羅津驚訝的是，這些美國人在敘述自己生平最棒的一餐時，竟少有關於食物本身的具體描述。他所問的並不是最棒的一次聊天、最棒的一次約會或是最棒的餐廳燈光，而是最棒的一餐。關於食物的描述去哪了？

對食物缺乏描述其實並不少見。大家對餐廳的熱情推薦之詞，不外乎是「很棒」、「好吃」、「很漂亮」這些詞語的組合，偶爾加上「美味至極」。我們知道自己很享受這頓飯，但卻很難描述原因，也很難說清楚到底是什麼讓我們覺得很享受。

位於曼哈頓的麥迪遜公園十一號（Eleven Madison Park）是一間獲得米其林三星評價的餐廳；儘管這座城市已經到處都是要價不菲的主廚精選套餐，麥迪遜公園十一號仍是城裡消費最高的餐廳之一。既然來這裡用餐的客人願意支付每人至少三百三十五美元（未計入酒水、稅金和小費），應該比較會記得這場奢華盛宴的細節吧。我瀏覽了附有「麥迪遜公園十一號」標籤的社群貼文和網誌文章，看看顧客如何描述在這家曾獲選「世界最佳餐廳」用餐的經歷。排除那些「生平最棒的一餐！」和「生日快樂／週年快樂／訂婚快樂」之類的文字，大家對於麥迪遜公園十一號主廚精選套餐的描述，跟羅津在研究調查時得到的回答相去不遠。

「擺盤精美、料理講究！食物讓我很驚艷，但我的伴侶不覺得，因為鈉含量偏高讓他不太舒服。」

「我不知道該怎麼描述昨晚在麥迪遜公園十一號的用餐體驗，只能說：充滿巧思、匠心獨具。」

「我們都是吃貨，所以在規畫紐約之旅時，第一件事就是向麥迪遜公園十一號訂位……結果完全沒有失望！這裡的全素主廚精選套餐無敵好吃！」

「回憶起來，我們首先想到的其實是麵包，可見麵包有多讚。居然有人能把純素可頌麵包做得這麼好吃，真的超厲害。」

終於有人提到是哪一個餐點讓這頓飯如此特別了，不過就算是這麼令人難忘的麵包，用來形容的還是一些籠統的讚美：**好**、**讚**、**超厲害**。麥迪遜公園十一號的評論當中，甚至有一篇坦言難以描述自己的用餐體驗。隨著社群媒體上關於食物和餐廳的內容越來越多，描述感官體驗時詞窮的情況也變得更為明顯。部落客和老饕們得要貼切地形容自己吃到、喝到、品嘗到的東西，才能在競爭激烈的社群平台上博得注意。他們只好努力尋找更多與食物相關的詞彙，讓自己的敘述更有吸引力。

我常常問學生為什麼會來參加我的盲品課程。有些學生是情侶檔，為了增加約會樂趣而一起報名；有些學生是前景可期的威士忌、葡萄酒或啤酒專家，想學習提升盲品能力的技巧；偶爾也會遇到美食攝影師或部落客，想學會即使不知道自己吃到什麼時，也能精準表達味覺經驗。

班上有個紐西蘭同學在經營一個 Instagram 帳戶，專門分享早餐和早午餐的照片，吸引了將近十萬粉絲關注，但他無法確切形容貼文照片上那些食物的味道，這點讓他很煩惱。

「我覺得我一直在用**起司味很濃**或**很香甜**之類的詞，」他告訴我，「比方說培根蛋起司三明治，好像只要起司味夠濃，然後不要太油，就算是好吃了？」

他很難說明自己分享的食物跟其他食物哪裡不一樣。有這種感受的，不只是他；大多數人不知道如何具體描述自己嘗到的味道。這就是為什麼每次上盲品課，學生對於一開始喝的幾杯酒，除了「喝起來像啤酒」之外往往想不到什麼可說的。

我告訴學生，啤酒跟他們常吃的麵包一樣是大麥製成的，之後他們的討論就開始出現更多有意思的形容：**烤小麥麵包**、**剛出爐的披薩餅皮**。知道啤酒跟大麥的關係之後，學生就可以想想看這個啤酒的味道是比較像煮熟的義大利麵、烤得金黃的餅乾，還是烤焦的麵包。沒多久，有人說出像「加了葡萄乾的熱燕麥粥」這樣的形容，並獲得大家點頭贊同。課程結束時，這位早餐部落客已經準備好在下一篇文章中用上**金黃焦香**、**溫熱軟嫩**、**鹹香迷人**、**風味濃郁**、**新鮮可口**等字眼。三明治內層的融化起司，可以是輕度熟成、口味溫和的（如美式起司），也可以是味道香濃強烈的（如羊奶起司）。小圓麵包可以形容是**口感酥脆**、**帶有奶香**、**口感柔嫩**，或是**外脆內軟**。醬汁的味道可以**純粹單一**，也可以**層次豐富**，質地可以**濃稠厚重**，也可以**絲滑柔順**。讀完本章之後，你會學到幾個實用的技巧和工具，幫助你用具體而富有感染力的詞彙來描述味覺體驗並與他人分享。

首先，我會介紹幾個能幫助你辨識味道的思考練習和專業工具，你可以透過這些練習和工具掌握描述風味的基本方法。接著，我們將以這些基本描述為基礎，加入語調、情感與故事性，用能讓別人感同身受的方式描繪你的感官體驗。聽起來有點像開在附近學校地下室的什麼創意寫作課程嗎？別擔心，只要用一個簡單的模板，就能統整這些資訊，我會在這一章和大家分享。

「我到底該品嘗出什麼呢？」廣受歡迎的主廚兼烹飪書作家莎敏・諾斯拉（Samin Nosrat）在她主持的 Netflix 美食節目《鹽油酸熱》（*Salt Fat Acid Heat*）中，向一位帕瑪森起司師傅提出這個問題。她想知道起司在熟成過程中會發生什麼變化。起司師傅解釋說，經過一段時間的熟成，起司的風味會從原本新鮮牛奶的味道，轉變為濃郁的乳香和甜美的堅果香氣。熟成良好的帕瑪森起司會出現質地鬆脆的酪胺酸結晶，而且，熟成四十個月的帕瑪森起司堪稱是酪胺酸的「豪華盛宴」，充滿細碎晶體的顆粒感。這就是諾斯拉在品嘗每一口起司時要感受的東西。

諾斯拉很幸運，有起司師傅引導她辨認帕瑪森起司的風味。如果身邊沒有懂起司的專家，要怎麼知道該品嘗出什麼？這時不妨從成分清單著手。以起司來說，風味的來源是乳汁。所以，描述風味最基本的詞語，通常就是有關乳製品從新鮮到熟成之間的各種味道，從淺色的鮮奶油、帶有甜味的新鮮黃色奶油，到濃稠的打發鮮奶油、濃郁的發酵奶油，最後是質硬味鹹的起司或蠟質的鹹味起司皮。葡萄酒是用葡萄釀成的，風味上除了果香和植物氣息，還帶著一些來自釀造過程中橡木桶的特殊風味。常見的葡萄酒基本用詞包括漿果味、核果味、花香味、橡木味和香草味。至於用大麥釀造的啤酒，風味會讓人想到麵包——從微烤、烘烤到焦香等不同烘焙程度。除此之外，啤酒裡面加的啤酒花，會帶來香草、青草、樹木和水果等具有植物性風味的特質。

這個方法有時候合用，不過也可能太過粗略。畢竟，冬南瓜只有一種成分，就是冬南瓜；但根據化學成分中的蛋白質、澱粉、酸和其他化合物的多寡，冬南瓜可能會呈現堅果味，也可能帶有卡士達醬般的乳製品風味。與這些化學屬性相關的風味光譜不容易直接理解，所以我們還是得搜盡枯腸，設法在空泛的**很甜**、**好吃**或**美味**之外，找出適合的形容詞。

想要發掘及辨認這些味道和香氣，最流行的輔助工具就是風味輪。

最早受到廣泛使用的風味輪，是由加州大學戴維斯分校葡萄栽培和釀酒學系教授安·C·諾布爾（Ann C. Noble）整理的葡萄酒香氣輪。她設計了一個圓形圖表，以視覺圖像呈現出先前提到的元素光譜。諾布爾的風味輪中，包含常用來描述葡萄酒的十一個風味類別：果香味、花香味、香料味、草本味、堅果味、焦糖味、木質味、土壤味、化學味、氧化味、微生物味。這些類別構成了風味輪內圈的輪轂。這十一大類之下各有子類別，像車輪輻條一樣從中央的輪轂往外延伸出許多字詞。以果香味這類為例，其中又細分為柑橘、莓果、樹生水果、熱帶水果、乾燥／煮熟水果等子類別。每個子類別中，還有一組組更小的輻條，構成第三環。這些更細的分類是特定的風味或食物，例如樹生水果這個類別底下，有櫻桃、杏桃、桃子和蘋果。

這些字詞都是諾布爾向加州大學戴維斯分校的學生和葡萄酒業內人士收集各種葡萄酒形容詞之後，從中選出來的。這類形容詞是要將葡萄酒香氣複雜的化學特性跟美國人熟悉的日常風味連結起來。比方說，己酸乙酯是葡萄酒發酵過程中產生的一種酯，常被形容成有蘋果味、鳳梨味，或是風味輪中的「果香味」。

諾布爾風味輪上列出的元素，都是美國一般雜貨店裡很容易找到的物品，例如覆盆子、丁香或蘆筍。就連風味輪中「化學味」裡面的瀝青，也可以在商店的停車場找到。諾布爾想讓「像科學家一樣客觀形容葡萄酒風味」這件事情變得簡單直覺，所以採用常見風味作為分類，刻意避免在風味輪中使用某些字詞，包括有主觀偏見的（例如**不愉快的**、**奢華的**）、晦澀難懂的（例如**單寧感**、**陳年的**）或是抽象模糊的（例如**陽光的**、**精力旺盛**

的）。值得注意的是，這十一個類別都是用來分類特定香氣的方法，其中沒有「缺陷」方面的分類，也沒有形容**白堊質感**、**乾燥**或**乳脂狀**等口感的「質地」類別。

諾布爾刻意排除這些帶有主觀偏好色彩的詞語，因為她希望這類詞語也從葡萄酒界消失。自從葡萄酒香氣輪在一九八〇年代首度推出之後，她確實成功推廣了這類用語。這套簡單明瞭的風味描述方式很快就獲得各界一致採用。釀酒師把這些術語寫在酒標上，評論家開始運用在酒評中，侍酒師也用來向客人推薦酒品。像「出自優良年份的豐盈單寧感」這樣的形容一去不復返，人們改說某款葡萄酒擁有「濃厚的黑莓與黑櫻桃風味，並帶有香料與菸草的氣息點綴」。

自從葡萄酒香氣輪問世，圖像化的風味呈現方式變得普及之後，各種食品業界都開始仿效。這種從大分類開始、逐層擴展到單一香氣的同心圓環結構，已經被廣為使用，既可用來描述巧克力、咖啡這類常見食物的風味，也應用在冬南瓜之類的特定食材上。甚至還有專為某種成分所設計的風味輪，例如麥芽香氣輪，就是用來描述啤酒中某一小部分的風味。

每一種風味輪，都是在指引你去發掘每一口飲食中能夠體驗到的風味。只要將風味輪上的幾個字詞串連起來，就可以構成基本的風味描述。

現在，我們可以想像諾斯拉在義大利品嘗手工帕瑪森起司的時候，除了直接詢問起司師傅，她還可以參考硬質起司和半硬質起司的香氣輪。她可以從年份較少的起司中辨別出鮮奶油和熱牛奶的特徵，從陳年起司中感受到榛果和焦糖的味道。

下面這兩個風味輪分別是針對硬質起司和啤酒所設計。這兩個風味輪內圈有幾個類別很相似，例如兩者都有「水果」風味的類別。值得注意的是，儘管這兩種食品如此不同，還是有些雷同的風味描述詞；比方說，兩個風味輪的外圈都有柳橙和奶油。柳橙並不是會跟硬質起司直接聯想在一起的味道，但也許在風味輪的輔助下，你會在品嘗起司時發現一絲柳橙風味！（想看更多風味輪的範例，請造訪 howtotastebook.com/wheels。）

對於第一次品嘗某些特色食品的初學者來說，這些風味輪和香氣輪是非常寶貴的工具。然而，並非所有風味輪都是由某個教授、科學家或研究協會經過深思熟慮所設計的。隨著各個行業和專業領域所建立的範例越來越多，這些風味輪和香氣輪距離諾布爾當時想創造出客觀描述工具的初衷也越來越遠。

現在某些風味輪的類別中還有「異味」這一項（我們在第五章談過將某種風味歸類為「異味」會帶來的各種陷阱）。我也看過有些風味輪特地設置了一個分類，就只是把五種基本味道列出來。某些風味輪甚至收錄了「強烈」、「精緻」、「乏味」或「不平衡」之類的形容詞，都是諾布爾創造風味輪時認為要避免使用的主觀詞語。

設計上不夠嚴謹的風味輪還常有另一個缺點，就是配色問題：每個區塊的顏色與上面標示的詞彙之間未必有關聯性。最早出現的葡萄酒香氣輪，每個類別是分別搭配相關的低

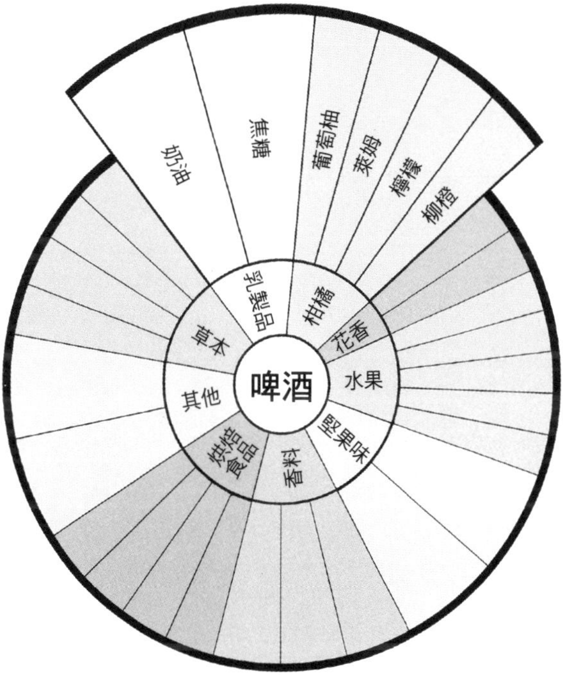
啤酒
乳製品
柑橘
花香
水果
堅果味
香料
烘焙食品
其他
草本
奶油
焦糖
葡萄柚
萊姆
檸檬
柳橙

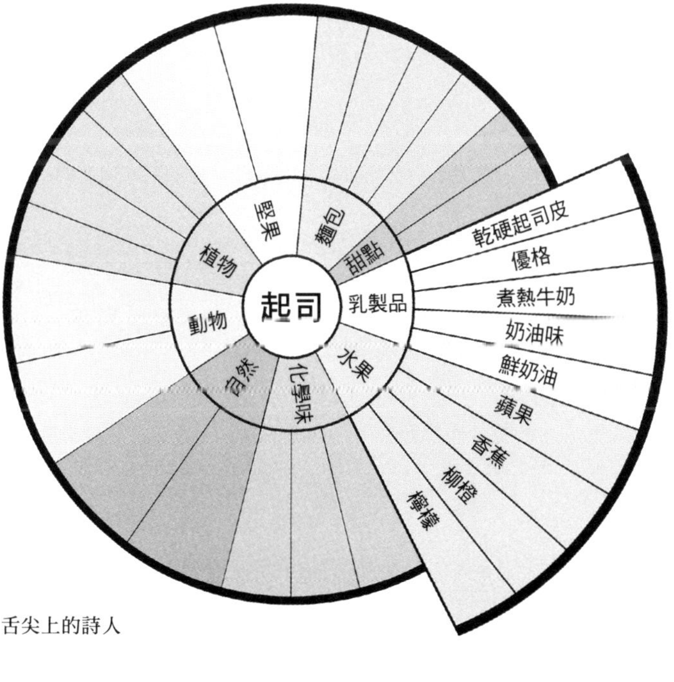
起司
堅果
麵包
甜點
乳製品
水果
化學味
自然
動物
植物
乾硬起司皮
優格
煮熟牛奶
奶油味
鮮奶油
蘋果
香蕉
柳橙
檸檬

彩度顏色。果香味類的詞語搭配淺粉紅色，蔬菜類則是淺綠色。考慮不夠周詳的風味輪，則可能出現乳製品類搭配豔藍色、樹生水果類搭配螢光黃（通常會讓人聯想到柑橘）之類的情況。像這樣不協調的組合，容易讓你受到顏色誤導而影響判斷。

不過，也有專家從這種色彩聯想上的落差汲取靈感；食品科學家兼巧克力品評師海柔．李（Hazel Lee）正是以此創造出巧克力風味地圖「色彩品味法」（Taste With Colour），成為巧克力界盛行的品味工具。

李的策略不是一邊品嘗巧克力、一邊查看風味輪上的詞語，而是先品味巧克力，再去感受腦海中浮現的是什麼顏色。

「對我來說，我是先在腦中看到顏色，然後才浮現詞語或味道。」李說。她發現，如果先感受顏色，再查看風味輪或分類標準，思緒比較不會受到暗示左右。

於是，她著手設計能夠以這種方式品鑑風味的輔助工具。李繪製的這張風味地圖，從遠處看起來就像一張非常直覺的色彩光譜，綠色和棕色逐漸融合成黃色，黃色再漸漸褪為紅色、粉紅色和紫色，可以掛在美術教室裡作為色彩研究的參考。你必須近看這張圖，才會發現各種顏色上面寫著幾十個描述風味的詞語。她的色彩與風味哲學顯然引起了其他品味愛好者的共鳴，因為這張她原創的手繪水彩地圖已成為海報，有八種語言的翻譯版本，在世界各地的專賣店銷售。

使用這張地圖時，先讓巧克力在舌尖融化，閉上眼睛，看看心中浮現的是什麼顏色或畫面。如果想到某類顏色（例如鮮豔的紅色調），你就可以在「色彩品味法」地圖上尋找相符的顏色。地圖的每個區塊分別寫有那區顏色會讓人聯想到的味道，都是巧克力本身的自然風味。以紅色來說，上面標示的風味有櫻桃乾、李子乾、無花果、紅酒等等，其中顏色最鮮豔的是櫻桃乾，你可以想想自己嘗到的是櫻桃乾的味道，還是顏色稍微淡一點的李子乾。

「我覺得代表甘草的應該是黑色，但有些人可能會覺得是棕色。」李說，「這張地圖其實只是提出一個概念，幫助你找出方向，了解各種風味之間的關係，以及這些風味帶給人的聯想。」

李說，風味輪的擴展結構可能會讓人分心。比方說，她很懷疑其中的詞語和類別是否怎麼排序都可以。身為科學家，李認為相鄰排列或是排在相反位置的風味之間必須有某種關聯，或者說應該要有設計上的邏輯。她的推論是，相鄰排列的兩個類別之間應該要有相似之處。風味輪在這方面的設計概念跟辨認味道並沒有關係，純粹只會讓人分心，而分心正是讓你無法專注於品嘗的大敵。

為了盡量減少干擾，李在課堂上教授色彩品味法時甚至不仰賴語言。她會為學生們準備顏料、畫筆和巧克力，讓他們品嘗巧克力，但不去描述巧克力的滋味。然後，再請學生拿起繪畫用具，在方形小紙片上用顏色和抽象圖形呈現自己嘗到的味道。偏苦的黑巧克力可能會被畫成棕色或深紅色的鋸齒線條，偏甜的牛奶巧克力則可能會用討喜的粉紅色漩渦來表現。李不是讓學生將思路從風味轉向色彩、再到文字，而是讓學生透過以印象建構的圖像來探索風味。這種方法的結果相當驚人，學生們畫出的圖不僅非常相似，而且跟他們品嘗的某些巧克力品牌在包裝上使用的圖形和色彩也很類似。

李要我等她一下便消失蹤影，回來時拿著一個大畫框，裡面裝著十三張索引卡大小的方形小畫，沿著畫框排列，圍繞正中央的手工巧克力包裝紙。

「我很喜歡這作品，因為裡面的畫作跟實際包裝的圖案非常接近。」

那些小畫上面全都是金色的波浪和圓圈，間或有幾抹粉紅色筆觸和一些杏仁色的條紋。包裝紙的底色是洋紅色，上面有密密環繞的金色和橘色漩渦圖案。

「這就是我想為巧克力製造商舉辦工作坊的原因，我希望引導他們重新思考自家產品的包裝設計，因為很明顯，包裝的色彩本身就能向顧客傳遞不少訊息。」

李引導學生以及巧克力製造商優先思考顏色而非文字，無意間幫助他們避開了一種會妨礙人準確記住感官體驗的心理現象，稱為語詞遮蔽（verbal overshadowing）。語詞遮蔽一詞，最早是強納森．W．斯庫勒（Jonathan W. Schooler）在研究人類的臉孔記憶能力時提出的。他讓受試者觀看一段搶劫的影片，接著請其中一半的受試者口述搶匪的樣子，另一半受試者則執行跟口語無關的對照組任務。當研究者請他們在好幾個嫌疑犯中指認搶匪時，先前口述過搶匪模樣的受試者認出搶匪的準確率明顯低於對照組。

之所以會出現這種情況，是因為我們在描述過某次感官體驗之後，再去試圖回想時，腦海中浮現的往往不是當時真實的感官感受，而是描述時用來形容的詞語。當受試者指認搶匪時，那些曾將視覺體驗轉化為言語記憶的受試者會仰賴言語記憶來辨認搶匪，而不是視覺記憶。

斯庫勒博士和研究團隊持續探索其他可能受到語詞遮蔽影響的感官體驗，比如回憶顏色或抽象圖形；而品酒無疑是最理想的測試主題。在〈錯誤追憶的美酒年華〉（The Misremembrance of Wines Past）這篇論文中，他巧妙地比較了不喝葡萄酒的人、對葡萄酒有「中度」經驗的品飲者和葡萄酒專家。受試者必須喝一杯紅酒，然後口頭描述這杯酒的風味或是進行對照組任務，接著在三種紅酒當中選出先前品嘗到的那一款。結果發現，那些喜歡飲酒並熱衷學習葡萄酒知識、但用來描述風味的詞彙量還不夠豐富的「中問組」受試者，最容易受到語詞遮蔽的影響。他們熟悉葡萄酒的味道，但還不擅長用語言表達這些風味。當他們用平淡乏味的詞彙描述葡萄酒時，品嘗時的印象就被語言蓋過了。等到要用味道選出方才喝的葡萄酒時，浮現在他們腦海中的反而是這些言語記憶。相較之下，專家已經有無數描述葡萄酒風味的經驗，可以區分記憶中的感官資料和言語描述。因此，當他們再次嗅聞及品味時，就能輕鬆認出原本那款葡萄酒。

或許李這套運用圖形和顏色的品味方法，可以作為發展感官記憶和建立可靠感官詞彙之間的理想橋樑。將風味與視覺畫面連結，再由圖像引導出詞語，有助於避免將風味直接轉化成語言記憶的慣性傾向。

從風味地圖或風味輪上拼湊出來的詞語，確實可以勾勒出一個基本的感官描述，但如果只用這些基本描述來呈現酒單上的飲品或菜單上的晚間特餐，是吸引不了顧客的。我們在餐廳和商店裡看到的描述用詞會比較巧妙講究，有時讀起來更像詩詞歌賦，而不是行銷文案。

如果有一款啤酒的風味描述是「剛出爐的手指餅乾灑上糖漬橙皮」，其實可以直接回推到啤酒風味輪上的**剛出爐麵包**和**柳橙**等詞語。「春日清晨剛鬆過土的花園」，則是運用意象巧妙呈現出茶風味輪外圈的**青草**和**土地**等詞彙。

透過從風味輪中擷取基本詞語，再融合自己的風味參照依據與經驗，我們更容易勾起記憶的生動描述。我們知道糖漬橙皮和柳橙的主要風味相同，但糖漬橙皮這個形容更具體、更吸引人。如果一款啤酒的風味描述中提到手工甜點，除了感覺更有吸引力，也會比單純用普通麵包香氣來形容的啤酒更讓人覺得有價值。有多項研究顯示，與高階產品相關的詞彙，例如**牛排**、**優雅**、**松露**和**絲滑**）比較有可能出現在昂貴葡萄酒的評論中，諸如**優**

質、**披薩**和**熱帶風味**這樣的基本詞彙則較常出現在廉價酒款的評論中。

而我們願意買單的價格，不只受到詞彙與品質之間的關聯影響；字詞越長、描述越豐富，我們的購買意願也越高，而且往往是不自覺的。另一項研究顯示，當葡萄酒酒評的平均單字長度為七個字母時，相較於平均長度為六個字母的酒評，消費者願意以每瓶多二點六美元的價格購買。

事實證明，我們願意為更長的詞彙付出更高的金額，但並不是所有的風味描述都能有效提高售價。事實上，長達七個字母的冗長單字或許就會讓人失去嘗鮮的動力。SIA蘇格蘭威士忌（SIA Scotch Whisky）創辦人卡琳．露娜－奧斯塔塞斯基（Carin Luna-Ostaseski）在描述自家產品的風味時，選擇採用更直接明確的方式。她的目標是要吸引一群被她稱為「蘇格蘭威士忌好奇份子」的人。奧斯塔塞斯基認為，不熟悉蘇格蘭威士忌的人通常會以為蘇格蘭威士忌都帶有強烈的煙燻泥煤味，還有濃烈酒精的燒灼感，但這種特性描述未必符合所有的蘇格蘭威士忌。

透過適當的調和比例，奧斯塔塞斯基創造出一種特別的蘇格蘭威士忌，前段展現香草、焦糖和檸檬皮的氣息，最後則帶出一絲煙燻香草的尾韻。奧斯塔塞斯基表示，之所以選擇這樣調和，是因為當她聞到這股味道，就會想起嘉年華會上的焦糖爆米花、焦糖蘋果和漏斗蛋糕（funnel cake）。她想要營造的正是充滿歡樂、熱情洋溢的嘉年華氛圍，而不是像許多蘇格蘭威士忌那樣，喝了就讓人想起煙霧繚繞、燈光昏暗、擺放皮質座椅的酒吧。

製作出這款平易近人、口感滑順、略帶甜味且沒有酒精燒灼感的威士忌之後，她就開始努力讓人們拋開對蘇格蘭威士忌的成見，來試試看這款新產品。

「我的想法是，選一些比較通用、安全的形容詞，」她說，「我不是要把它講得很無聊，只是希望大家看到會想：欸，我喜歡香草，也喜歡焦糖，那我可以試試看這款酒。」

奧斯塔塞斯基寫的酒款特色介紹，也維持明快直接的一貫風格。寫作本書時，ＳＩＡ瓶身上是：「ＳＩＡ以香草和焦糖的甜美香氣喚醒嗅覺，接著是柑橘蜂蜜的清新餘味，輕鬆舉杯，盡情享受！」不過某些威士忌評論家對這款酒的評論卻有點異想天開。她曾讀到一些酒評提到有棉花糖霜和香蕉切片之類的風味。

「我印象最深刻的是『鉛筆』！我看到時想：**他在說什麼啊？**」奧斯塔塞斯基一副想翻白眼的模樣。她把那篇評論讀了又讀，打電話給她的進口商討論，對方告訴她，有些人會用「鉛筆芯般的石墨香氣」來表示蘇格蘭威士忌煙燻氣味中的碘味。「所以他是指煙燻酒精感或蒸餾酒的風味。」

像這樣拐彎抹角地用抽象術語形容，跟奧斯塔塞斯基的平鋪直敘背道而馳。她會用一般人都能理解的用語來介紹，以免對方聽到她的產品或蘇格蘭威士忌這個類別就卻步。

阿道斯．赫胥黎（Aldous Huxley）一九四四年出版的小說《時光須有盡》（Time Must

Have a Stop）中，有一段文字正好詮釋出「描述只要細緻入微，不必浮誇也能打動人心」的概念。我個人非常喜歡這段刻劃香檳風味的文字，描寫的是路易侯德爾酒廠（Louis Roederer）一九一六年份的一款香檳。小說主角塞巴斯蒂安努力想討好他那位家財萬貫、熱愛美食的叔叔。晚餐時，他喝了一口香檳，心中浮現的第一個念頭是：這酒的味道就像「用鋼刀削過皮的蘋果」。但他沒有直接說出來，而是對叔叔說這香檳讓他想到「史卡拉第的大鍵琴樂曲」，虛榮自負的叔叔聽到這番恭維的類比，相當高興。

塞巴斯蒂安最初的形容既貼切又巧妙，擷取了葡萄酒香氣輪中常見於香檳的兩個形容（蘋果和金屬味），並以一種能喚起記憶與觸感的方式，把這兩者自然地結合起來。用刀刃削果皮的動作，讓人聯想到蘋果鮮明的酸味和氣泡輕刺舌尖的感受。這種淺顯易懂的描述，就像奧斯塔塞斯基那款威士忌的焦糖爆米花風味，帶來嘉年華般的愉快氛圍。

第二種形容是他為了奉承叔叔而講的，給人一種矯揉造作的感覺。對一般人而言，拿一位多產義大利作曲家的樂曲來跟香檳比較，實在難以產生什麼共鳴。實際上，這對他的叔叔來說或許也沒有任何意義，不過確實能讓富有的叔叔高興，因為這個抽象類比暗示他們屬於同一個社會階層：會享受上等香檳、也懂得欣賞音樂精妙的階層。有時，當你遇到別人用了某個好像不太貼切的風味術語，對方很可能是想藉此顯示自己是某個階層的「圈內人」（如果是鉛筆，那就是蘇格蘭威士忌專家；如果是大鍵琴樂曲，那就是富裕精英）。這些術語通常表達不了什麼，造成的混淆還比較多。

像赫胥黎這樣的文學作家之所以能如此細膩地描繪香檳風味等感官體驗，是因為受過扎實的敘事訓練。事實證明，較長的詞彙和有趣的描述會吸引人掏出錢包，而寫成故事會讓我們願意拿出更多錢。

有兩位法國研究人員注意到，特級波爾多葡萄酒的價格近年來呈現「強勁漲勢」。他們決定調查是什麼因素促使消費者的價值認知改變。研究人員分析了參加波爾多聯合酒展（Union des Grands Crus de Bordeaux）的一百三十二家酒莊之後，得出結論：「價格上漲的原因不在於這些產品的客觀價值，而是這些產品的象徵地位和代表奢華世界的形象。」更明確地說，研究人員發現，商品故事與葡萄酒價格上升之間有明顯關聯，尤其是那些關於釀造方式與釀酒師背景的敘事內容。

另一項研究則是在三種不同情境下，讓受試者品嘗同樣的三款葡萄酒：第一組是盲測，不提供任何資訊（如同第六章的品酒方式）；第二組是提供該款葡萄酒感官特性的基本資訊（可以想像成一張取自風味輪的詞語清單，內容是符合特定酒款的形容詞）；而第三組受試者不僅會知道該款葡萄酒的感官特性，還會得知釀酒廠的歷史背景以及有關葡萄品質的資訊。以試喝的這三款葡萄酒來說，在品飲時得知感官資訊和品牌敘事的受試者，無論是試飲前的期待、整體喜好評分，還是購買意願，都明顯高於盲測組；至於只獲得基本風味資訊的組別，效果則是介於中間。如果在品嘗之後沒有什麼故事好說，葡萄酒就只是葡萄酒，波本威士忌就只是波本威士忌，巧克力就只是巧克力。

即使這些故事不是出自製作者本人之口，也能有效提升顧客對於特色食品的價值認知。

在紐約市熨斗區的金韻福茶店（Jin Yun Fun Tea Shop）所舉辦的「中國名茶」品茗會上，茶藝師奧莉薇亞（Olivia）為我精心泡了一杯茶，杯中的茶葉，都是從八百多歲的老茶樹上手工採摘下來。在品嘗前五款茶的時候，奧莉維亞一邊讓我品茶，一邊向我介紹風味，像是新鮮樹皮的氣息，或是白花梗的清香。那幾款茶表現絕佳、風味典雅，但並沒有非常令人印象深刻。當我拿起第六杯茶、吸入飄散的熱氣時，奧莉薇亞告訴我，「你會嗅聞到這些茶樹吸納過的一切氣息、品味到茶樹在八百年歲月中見證過的萬物。」

聽來或許誇張，但我得說，當下我無法拿起杯子啜飲，喉嚨就像哽住了一樣。雖然沒辦法清楚解釋，但我明白她的意思。那茶香聞起來，同時帶有青翠和褐棕的感覺，蘊含著一股厚實的黏土氣味，像是大地，融合了春日驟雨的濕潤與嫩芽初萌的清新。這杯茶充滿了迷人的矛盾，我只能這樣形容：聞起來就像是八百個夏季、八百個冬季、七萬場陣雨和數十萬縷陽光，全部蘊藏在一株古樹之中，最後化作茶湯，盛裝在杯子裡遞給我。這段關於茶樹年齡的小故事，加上她言簡意賅地描述了我會品嘗到的滋味，讓我對這杯茶難以忘懷。

這是替風味描述增添真實感的最後一個元素：來自其他感官和情緒的語彙。擅長說故事的高手，會使用能夠呈現各種色彩、強烈知覺和感受的文字，來為故事創造深度。將這些詞語和情緒加入描述之中，更容易引起共鳴、讓敘述鮮明生動，又不會顯得離奇怪誕。

辛香辣口的辣椒和有燒灼感的酒精飲料，會讓人想到勃發的怒火。碳酸化產生的氣泡，給人敏捷活潑、活力十足的感覺。鮮明的柑橘風味會讓人心情愉悅，炭烤蘑菇帶出的泥土和灰燼味則有沉鬱感。詞彙未必要侷限於情緒；像奧莉薇亞就有效運用了擬人化的手法來具體形容茶的風味。你可以形容太妃糖的碎片在味蕾上起舞，感受甜味與酸味共譜的雙人舞曲。縈繞好幾分鐘的餘韻，就像是懶洋洋地在口中賴著不走。

別忘了，我們拓展思維、擴充語彙的目的，是為了更確實傳達喜愛的事物，並分享給其他人。在我們進一步探討風味描述之前，不妨先停下來思考並接受一個事實：世上沒有任何一種描述能對所有人奏效。以世界之廣袤，經驗之多樣，不可能有放諸四海效果皆同的描述方式，但我們可以盡力而為。藉由客觀的風味詮釋（例如取自風味輪的詞語）、從受眾的角度思考、結合故事，並使用能傳達情緒和感官經驗的詞語，就可以有不錯的效果！

現在，我要來說明先前提過的風味描述模板。首先，你的描述內容應該要包含三到四個句子。如果超過這個長度，可能會流於主觀意見抒發；但若短於三四句，可能會太過簡略而語焉不詳。先找出幾個詞語，形容你要描述的東西外觀有什麼特徵。這時可以參考法式擺盤的要點：質地、顏色和體積，很有幫助。觀察你要描述的食物或飲品，外觀最明顯的特點是質地、顏色，還是體積？若是碎成堅硬小塊狀的陳年帕瑪森起司，就是質地；若是少女粉的柯夢波丹雞尾酒，就是顏色；在盤子上堆得幾公分高的沙拉，則是體積。

掌握外觀描述之後，接下來要用主要成分或風味輪上的詞彙來描述你感受到的一級香氣。這裡我們會用到品味方法，在品嘗過程中找出最明顯的風味。以陳年帕瑪森起司來說，對照風味輪之後，你可能會覺得一級香氣偏向「堅果味」或「奶油味」。柯夢波丹雞尾酒的一級香氣來自其中的某個成分，大概是酸中帶甜、顏色鮮豔的蔓越莓汁。接下來，仔細推論這個一級香氣的來源狀態會是什麼，以此來增添、潤飾對於一級香氣的描述。榛果風味是飽滿濃厚的，還是糖漬處理過的？雞尾酒裡的蔓越莓味感覺如何，是新鮮蔓越莓還是蔓越莓果醬的味道？這邊可以考慮使用的字詞有：**鮮摘的**、**乾燥的**、**多汁的**、**煮過的**、**燉過的**、**濃郁的**、**溫暖的**、**平淡的**、**罐頭裝的**、**冷卻的**、**明亮的**或**強烈的**。

確定一級香氣之後，就可以在描述中加上一些關於二級和三級香氣，還有基本味道的形容。你從風味輪中選出的詞語，有沒有意義相同但更有渲染力的說法？也許形容為**沒烤過的披薩餅皮**會比**麵團**更容易想像，**烤核桃**可能比**堅果味**更具體。務必要進一步說明這些次要風味如何與一級香氣相互作用，或許是彼此競爭消長，也或許是幾乎被一級香氣蓋過。這些香氣可能是和諧並存或交織共舞，也可能就只是混雜在一起。

下一步，是去感受你在口中和鼻腔感覺到的質地。或許是一種奶油般綿密的感受，也或許感覺是**乾乾的**、**粉粉的**、**刺激的**、**刺刺的**、**皺皺的**、**毛毛的**、**易碎的**、**脆脆的**、**軟軟的**、**細膩的**或是**麻麻的**。可以將你感覺到的質地跟不是食物的常見物品相較，會比較容易描述。有些質地會讓人聯想到布料材質（例如緞布、麂皮或皮革），或是自然界的東西：像松針般刺刺的、像乾燥的沙團般易碎、像剛落下的新雪般鬆軟。

最後，想想看這種風味帶給你什麼感受。你或許會感到振奮、富足、驚訝、平靜、沉靜、害怕、恐懼，或是喜悅到想要高聲歡呼。

將外觀、香氣、風味、口感和情緒綜合起來，就構成了這個填空式模板的基本架構。你只要在括號內加入自己的話即可。

這個〔顏色／質地／體積〕的〔食物名稱〕〔食物類別〕，聞起來有〔形容詞〕的〔一級香氣〕香氣，混合著〔二級香氣〕和〔二級香氣〕的味道。嘗起來〔口感〕，帶有〔五種基本味道之一〕的〔主要風味〕，還有〔口感或風味〕的餘味。讓我想起〔情緒／從流行文化引用的事物／其他同類型食物〕。

以柯夢波丹雞尾酒為例，填寫完成的模板內容看起來會像這樣：這款少女粉色的柯夢波丹雞尾酒，聞起來有明亮的蔓越莓香氣，混合著新鮮萊姆和一絲柳橙的味道。嘗起來偏酸但不澀口，帶有甜甜的蔓越莓味，還有少許酒精帶來的暖熱餘味。這讓我想起《慾望城市》（*Sex and the City*）中主角們晚上跑趴玩樂時喝的柯夢波丹。

練習過這個模板之後，你可以自由使用能吸引特定受眾的詞語，無須受限。比方說，對方是否熟悉你要描述風味的食物？你會不會想推薦給別人？現在，讓我用我嘗過最讚的一款藍紋起司、產自佛蒙特州格林斯波羅賈斯柏山農場（Jasper Hill Farm）的貝利海森藍紋起司（Bayley Hazen Blue）為例，更深入描述給你看看。我的觀察如下：最明顯的外觀特色是顏色。這款起司是深奶油色，呈現塊狀，表面布滿深藍色／綠色的紋路和塊斑。最容易注意到的風味是榛果味，其次是青草味和丁香或茴香的味道。我覺得榛果味是烤榛果的風味，草味則偏乾，像乾草的感覺。而且，這種起司質地很像乳脂軟糖，放進嘴裡就像奶油做的綢緞那樣絲滑。在乳脂質地和堅果甜味的結合之下，這款起司帶有幾許性感、奢華和誘人的風味。

用比較浮誇但簡短討喜的方式來描述會是這樣：貝利海森藍紋起司產於佛蒙特州的山丘，是一款灰白色的軟質起司，表面有藍綠色紋路。香甜的烤榛果風味，融合了乾草般的草味、茴香和丁香的香料味，再加上濃郁的奶香，即使是不喜歡藍紋起司的人，也很容易被這款起司的柔軟質地，還有豐富又不會過於濃烈的風味吸引。

這種方法可以幫助你增進描述味道的能力。對於捷克皮爾森啤酒，與其說是「清淡爽口的啤酒」，你還可以這樣形容：一種色澤澄亮的深金黃色啤酒，表面覆蓋著持久不消的白色綿密泡沫，香味細膩，彷彿出爐麵包上融化的奶油，加上產自捷克的啤酒花所散發出的淡淡乾燥香草和青草香氣，相得益彰。這種啤酒口感活潑、泡沫豐富，吞下之後只會在口中留下滑順清爽的感覺，吸引人一口接一口，直到只剩下空空如也的啤酒杯，和一解渴望的滿足感。

下次遇到菜單或食譜上面寫著「一汪鹹香開胃的深紅汁液，在腦海中勾起炙烤菲力牛排的印象，還有在托斯卡尼夕陽下搖曳生長的羅勒，適時以清新香氣喚醒味蕾，讓人忍不住再來一口」，只要根據這段描述反向思考，就能得知這是用紅酒和香草調製的醬汁搭配的肉類菜餚。有了這個風味描述模板，你就可以展開下一趟異國飲食體驗了。如果有人問：「這次旅行如何？」你就能根據自己聞到和嘗到的美食講出一段引人入勝的故事，再也不會只說得出毫無新意的「東西很好吃」！

PART FOUR

品味生活

10 珍藏旅途中的風味

瑪莎·史都華（Martha Stewart）最出名之處，是她以家庭主婦的身分建立了自己的多媒體帝國——或許還有因為她入獄服刑了五個月。但我（猜想在她將近四百萬的Instagram粉絲當中，至少有一小部分的人跟我一樣）之所以關注她的最新動態，是為了另一個原因：那些在她農場裡橫行無阻、吵吵嚷嚷、囂張跋扈的孔雀，行徑實在是太有趣了。她還經常在貼文中為孔雀們說話，並提醒粉絲們，講到她家孔雀時不該用「peacock」（雄孔雀），而要用「peafowl」（不分性別的孔雀通稱）才對，因為她的農場裡雄雌孔雀都有！嗯，我真的超愛看孔雀的滑稽模樣。

雖然她其餘跟孔雀無關的貼文我也覺得不錯，但有些還是讓我尷尬莫名。說實話，我很喜歡她的自拍照，還有那些賞心悅目的完美擺盤，都讓人超羨慕的。不過，她在私人飛機上招待大家的精緻餐點，我真是怎麼看怎麼受不了。新鮮採摘的串收番茄、滿滿的奧賽

特拉魚子醬和薄薄的煙燻鮭魚片，全都可惜了。有好幾次，當我看到她寫的「飛機餐，不簡單」（plane food, not plain food）貼文，都忍不住大聲哀號：「拜託！別這樣搞！」那些好東西都浪費掉了。機艙可說是對感官體驗最不友善的環境。就算史都華的飛機從照片上看起來再怎麼舒適，也同樣具備破壞感官體驗的三大特點。首先是極為乾燥的空氣。機艙內的空氣會透過濾網循環，確保機內空氣潔淨清新（對於希望平安抵達目的地、不要感染新型疾病的我們來說是一大裨益），但也因此格外乾燥。機內空氣濕度通常落在百分之五到百分之十五之間，根據機艙內的擁擠程度而異。（沒錯，坐頭等艙有個缺點，就是皮膚乾到不舒服！）給大家參考一下，加州莫哈維沙漠白天的濕度，根據不同季節，人約是在百分之十到百分之三十之間。機艙內的乾燥環境，會先讓鼻腔內濕潤的黏膜嚴重受損；要是長時間待在這種環境中，我們的嘴巴和眼睛也會變乾。然而，我們需要藉由黏液和唾液，來讓風味化合物接觸到味覺和嗅覺受體。在缺少黏液和唾液的情況下，食物和飲料的香氣得要非常強烈，我們才能感受到一點風味。二〇一〇年有一項在飛機模擬器上做的研究，發現受試者在飛行過程中對清淡和清新風味的感知能力全都降低，不過還是可以聞到豆蔻、檸檬草和咖哩等香料的味道。至於產自夏季花園、一年只吃得到一次的番茄？你就別奢望自己吃得出那細微的風味差異啦。

除了鼻腔乾燥，還有其他問題會讓人難以品鑑串收番茄的巧妙風味；由於機艙內的壓力較低，鼻腔也會腫脹，使得通道變窄。

「就跟感冒一樣，」二〇一〇年那項研究的團隊主持人在研究發表後、接受德國新聞媒體《德國之聲》（Deutsche Welle）採訪時表示，「感冒時，你所有的鼻黏膜（組織）都會腫起來，嗅覺和味覺都會變差。」值得一提的是，每次遇到暴風雨來襲（暴風雨屬於低壓系統），人體精密的嗅覺器官內也會出現像這樣意想不到的發炎現象。所以說，躲在家中防颱時，並不是把上好陳釀龍舌蘭酒拿出來品嘗的恰當時機。這種時候，用一般的銀樽龍舌蘭酒隨便加些萊姆汁就可以了。

就算有少數風味分子穿過狹窄乾燥的鼻腔通道、冒險成功抵達嗅球，味道仍會感覺比較平淡，這要歸咎於機艙三大問題當中的感官毀滅大魔王：巨大且持續的背景噪音。飛機引擎聲聽起來或許只是低鳴，但實際上，整趟飛行過程，乘客都處於八十五分貝的噪音之中，大約等同於一台食物攪拌機連續運轉的聲音，或是穿透車窗的交通噪音。這麼吵的噪音會降低我們對鹹食和甜食的敏感度。下次旅行時，你可以把空服員給的焦糖餅乾留著，回家之後再吃。當你在安靜的環境中品嘗金黃色的酥脆餅乾時，會感受到一種在飛機上吃不出來的明顯甜味。

機上巨大的背景噪音還有一個奇怪的影響：它似乎會讓我們對某些鮮美的風味變得比較敏感。參與二〇一〇年那項研究的學者甚至提出假設，認為這就是許多人只有在飛機上才會想點番茄汁的原因。這種飲料的風味平衡度在飛機上改變了；番茄天然的甜味退居次位，鮮味則變得明顯。而且，由於我們在機艙中對風味的整體敏感度會降低，番茄汁的菜味似乎也沒那麼強烈。番茄汁可能是飛機上少數喝起來還算有滋味的飲料了，不像其他飲料都像是被稀釋過一樣。我必點的薑汁汽水也是這樣，平常我沒辦法忍受那股蘇打水的甜味，但是在天空中，薑汁汽水喝起來好像更有薑味，也沒那麼死甜了。

史都華把她從院子裡摘來的新鮮番茄，用來在機艙裡招待缺少水分、鼻塞、感官遲鈍的朋友和同事，無疑是暴殄天物。史都華，如果你有看到，我想給點建議：下次趁起飛前讓大家在機場享用香檳，配上一些魚子醬，起飛之後，再送上富含鮮味的血腥瑪麗和培根蛋起司三明治。同樣的建議也適用於一般讀者：如果你希望飛行途中的零食點心吃起來比較有滋味，可以準備牛肉乾或帕瑪森脆餅之類的鹹點，至於那些頂級美食，還是留到降落之後再享用吧。

就算已經安全走出機場，你也還沒擺脫飛行帶來的影響。如果你即將展開美食之旅，該做的第一件事就是喝大量的水來補充黏液和唾液。若是想要徹底恢復味覺能力，不妨帶上旅行用加濕器。我那台旅行用加濕器重量只有一百多公克，小到可以放入標準大小的杯架，特別打包帶出門絕對是值得的。有時候，你也可以輕鬆利用飯店內的配置，製造出類似加濕器的效果。如果電暖器或暖氣機頂部是平坦的（平整到可以把毛巾鋪在上面），你只要將毛巾沖濕、擰到不會滴水的程度，再將毛巾鋪在機器上，吹出來的空氣就會帶有少許水分，再加上毛巾所蒸發的水分，通常可以稍微提高房間內的濕度。

除了將旅行用加濕器放進行李箱跟就地取材自製加濕裝置，在行前，你還可以做一些事情來讓旅行中的味覺體驗更美好。

賓州大學保羅．羅津教授是著名的文化心理學家。他發表過一百多篇論文，其中許多研究是在探討飲食和愉悅感的關係，包括經驗過程和回憶中的愉悅感。在研究中，羅津把飲食體驗獲得的愉悅感分為三種：期待、體驗，以及回憶。只要適當規畫，你就可以在假期中充分享受這三種樂趣。

旅行前，我通常會提前訂好餐廳，並將菜單研究過一遍，想好我要點哪些菜、要說服老公點什麼來跟我分食，還有要選什麼飲品來佐餐。這個過程會強化預期性愉悅感（anticipatory pleasure）。我連續好幾個星期、甚至好幾個月，一再想像這頓飯的餐點和美味，使得這份期待與日俱增。照理說來，經過一番費心籌劃後終於品嘗到精心安排的美食風味，應該是最為開心的事情；但羅津告訴我，當預期性愉悅感提升到最高時，反而會減少用餐時實際感受到的愉悅感。因為我彷彿在腦海中吃過這頓飯二十次，所以等到在現實中吃第二十一次時，似乎就沒有那麼特別了。

這概念讓我想起了我對藍山石倉那道胡蘿蔔的反應。從預約用餐到真正放入口中，這段期間我不只揣想過那道胡蘿蔔幾十次，還在電視上看過畫面，更聽過一位美食評論家用近乎狂熱的語氣描述這道菜，等到我終於走進餐廳，滿懷期待等著胡蘿蔔送上來，最後真正吃到的胡蘿蔔，是否真有可能不負所望？吃起來確實很不錯。但我不得不好奇，如果我沒對這道菜抱持任何期望，會有什麼感受？如果我看到一根純粹的胡蘿蔔，單獨放在精美的瓷盤上，我會有什麼反應？

我在看到胡蘿蔔那瞬間所體驗到的驚訝和喜悅，屬於第二種愉悅感：體驗性愉悅感（experienced pleasure）。為了盡可能提高旅行時的體驗性愉悅感，請在行程中預留彈性，並參考旅途中遇到的當地人所給的建議，即使光顧事先預訂的餐廳，也可以聽聽服務生推薦什麼品項。不抱任何期望地去到一個地方，絕對可以獲得意想不到的體驗性愉悅感，不過若要強化那種愉悅的記憶，得要來點新鮮感。

「如果你點的是自己熟悉又喜歡的菜色，你會有一定的期待感和享受，」羅津說，「但這樣並不會創造新的回憶，只是對你以前吃過而且喜歡的東西產生另一種記憶。」

假設你很愛吃巴西起司球（pão de queijo，一種用木薯粉做的巴西小吃，類似起司麵包，烤到膨起之後有酥脆的外皮，嚼勁十足），只要在菜單上看到就一定會點來吃；你吃過做得很美味的，也踩了幾次雷，但你一直在倒數去巴西的那一天，期待享用正宗道地的巴西起司球。然而，等到你坐在聖保羅的 Pão de Queijo 麵包店外頭，面前放著一籃新鮮Q

彈的起司球時，並不會有新的風味記憶產生。這些你夢寐以求的正宗巴西點心，最後只會隱沒在你此生記憶裡的眾多起司球之中。幸好，有一個簡單的方法可以解決這個小小的記憶失誤。

「我會設法在美食和體驗之間折衷。畢竟，一頓飯通常不只是吃東西而已。」羅津說。

在這種情況下，他建議向店員或服務生詢問推薦菜色。如果你聽從飯店行李員的建議，走進街角那間他老愛深夜去吃葡式鱈魚球（bolinhos de bacalhau，一種用鱈魚製成的炸物小點）的酒吧，體驗當地平靜樸實的日常氛圍，想必會留下難忘的回憶。

不過羅津指出，選擇沒吃過的食物，可能會讓某個用餐時常見的困擾變得更嚴重：「安全問題，人之所以會對陌生食物感到不安，根本原因就在於安全性。如果你對新食物感到不太放心，盡量挑選看起來比較讓你安心的用餐環境，這樣會讓你在嘗試陌生食物時比較放鬆。」羅津說。

對於某些用餐者來說，一家從沒聽過的偏僻酒館可能會讓人感覺不夠安全。所以羅津建議，要嘗鮮的話，比起路邊攤，最好還是找家漂亮舒適的餐廳。

對此，我有一個不太尋常的建議：如果你出國旅行，但又擔心可能吃到不熟悉的食物，其實附近的麥當勞或星巴克並不是想像中那麼差的選擇。（即使你對於嘗試新食物不會感到緊張，如果在休息站或機場看到金色拱門標誌，那也不失為停留用餐的好地點。）

麥當勞在全球各地採取的策略，其實跟美國本土的速食店一樣：根據當時流行的風味，開發出容易迎合大眾口味的速食版本。不管是美國還是其他地方的麥當勞，店內環境都差不多，你還可以把電子菜單的顯示語言改為英文，就能知道餐點裡用了哪些食材。嘿嘿！透過這種方式，人在異地也能放心體驗當地風味。我在紐西蘭吃過「奇異漢堡」（Kiwiburger），裡面夾了切片的甜菜根、煎蛋，以及一般漢堡都有的生菜、番茄和洋蔥。比利時麥當勞則有一款美味的漢堡，內有比利時啤酒起司、美乃滋，配上酥脆的培根，名稱叫做「慷慨傑克」（Generous Jack）。你可以像這樣讓自己在熟悉的環境中慢慢習慣當地風味，當成為後續旅程做好準備的訓練場。老實說，你在麥當勞裡看到的當地人，搞不好比在鎮上市場周圍的酒吧或觀光餐廳裡面都還要多。

就算是在感覺親切熟悉的麥當勞，你還是可能對漢堡上面放了血紅色的甜菜根感到不安。不過你知道嗎？這一點也不奇怪。人類天生就會對嘗試新食物謹慎以待，會有這樣的傾向，就是為了避免自己中毒。小口品嘗新食物時，哪怕只是感覺到一點點酸味或苦味，也可能足以讓人整道菜都不想碰。有些人比別人更容易抗拒陌生食物，但這不是他們的問題。研究人員發現，我們在飲食方面的恐新特質（neophobia）大約有三分之二來自遺傳。如果父母本身就挑食，只要孩子在面對新食物時能比父母開放一點點，就可以偷笑了。對於極度謹慎的食客來說，假期往往是嘗試陌生食物的理想時機（前提是這些食物看起來是安全的），這背後有幾個原因。「大家都以為只要不是在家裡或公司，就可以馬上放鬆下來。話是這樣說沒錯，不過你之所以變得放鬆，也是因為沒有任何嗅覺觸發因素會勾起你在辦公室或家中感受到的壓力。」身兼嗅覺專家、專業調香師以及香氛品牌公司 12.29 共同創辦人的棠恩・戈德沃姆（Dawn Goldworm）表示，「因為你處於一個新環境，其中完全沒有那些嗅覺觸發因素，所以會感覺自己放鬆了。你的大腦也確實會放鬆下來。」

在潛意識中，我們可以從周圍的感官世界察覺此刻身處的環境有別於平時，日常習慣的事物都不一樣了。我們聞不到每週三早上從車道盡頭垃圾桶飄出的氣味，也聽不到每天中午火車準時駛過鐵軌的聲音。在這裡，絲毫聞不到我們平常用的洗手乳或洗碗精的氣味。你會非常清楚地意識到：**我們好像已經不在堪薩斯了**譯註。研究顯示，我們的味覺記憶跟空間或「地點」的記憶有關，尤其是記憶中那些討厭的味道。身處異地時，大腦對以前給予負面評價的食物「接受度會比較高」。當你在離第一次嘗試生蠔的那間內陸小屋幾千公里之處、享用一頓特別愉快的晚餐時，正是再給生蠔一次機會的絕佳時機。

由於置身在新環境時接受度比較高，再加上缺乏嗅覺方面的壓力觸發因素，我們在旅途中更容易處於放鬆狀態，也更能敞開心胸去經歷及累積新的、正向的風味體驗。要讓旅途中的預期性愉悅感和體驗性愉悅感達到良好平衡，需要同時有預期中和預期外的事物，而這兩者都可以產生享用食物會感受到的第三種愉悅感：記憶性愉悅感。

研究證實，在我們一生當中，風味（特別是香氣）留下的記憶最為深刻。人到了二十歲左右，創造這些感官觸發記憶的機會就大幅減少。「大部分（感官記憶）是在我們年輕時創造的，大概是從我們出生之前一直到十歲左右，」戈德沃姆說，「成年之後，我們就很少會有新的情感體驗，而是反覆體會已知的情感。這就是成人無法像小時候留下那麼多深刻記憶的原因。」

她說，童年過後，我們會在遇到人生里程碑和重大情感事件時創造由氣味誘發的記憶，像是第一次戀愛、第一次離家、生小孩等等。「除了這些事件以外，最有機會的就是出國旅行的時候了，對吧？你會在那裡遇到新的食物、新的氣味，像是在英國第一次聞到柴油的味道。這些記憶全都與新的氣味有關。」

旅行要付出金錢，更要付出時間，不過旅行的一大好處就是能留下深刻回憶。那麼該如何掌握這些回憶呢？首先，回憶會自然浮現。如果你在英國頭一次聞到柴油的氣味，或許是在爬上國王十字車站出口的樓梯時，光是在排隊的黑色計程車附近吸進　股廢氣，就足以留下記憶。若想讓度假時遇到的風味留下恆久回憶，只要多費一點小心思，就會有很好的效果。有個最明顯的方法，或許你早就已經會了，那就是：拿出相機！

譯註　「I have a feeling we're not in Kansas anymore.」出自一九三九年的美國經典電影《綠野仙蹤》（The Wizard of Oz），為女主角桃樂絲在被龍捲風帶到奧茲國之後，對愛犬托托所說的台詞。

餐廳老闆們可能巴不得讓智慧型手機從餐桌上消失，因為手機會讓人把精神集中在更多容易成癮的事情上（像是瀏覽社群媒體或回覆電子郵件），因而分散客人對風味的注意力。關於餐廳對手機的反彈，有個我很喜歡的趣聞：某間位於黎巴嫩貝魯特的餐廳曾祭出優惠，如果顧客願意在用餐期間將手機交由工作人員保管，就可以打九折。那是二〇一三年的事了；我猜時至今日，九折優惠可能吸引不了多少客人。不過，手機的拍照功能有助我們花時間去關注食物，也會讓我們有些許時間享受羅津研究中提到的預期性愉悅感。下次當你在開動前幫美食拍照時，也請花點時間記下：你是在哪裡、跟誰，以及讓這段時光彌足珍貴的原因。日後當你把照片發到網路上或是秀給同事看時，就會想起拍照當下的感受和當時聞到的氣味。那一刻已深深烙印在記憶裡。事實上，二〇一九年有一項研究發現，如果在網路上貼出用餐時拍的照片，你對那間餐廳的整體評價和當次用餐體驗的評分都會提高。

還有另一種方法可以強化對用餐時光的回憶，那就是刻意將話題轉到你面前的食物上。「這就是為什麼分享特別有效；因為你可以談論食物，就會更注意品嘗過程的感受。」羅津說。

但如果雙方吃的食物不同，這種方法就不管用了。「我正在做一項研究，觀察如果跟別人分享食物，彼此是不是會更有好感。」羅津補充道。

討論風味，是一種能反過來利用語詞遮蔽（參見第九章）的方法。當你一邊吃、一邊分享這些風味讓你想起的事情，或是評論當地農產品的滋味，其實就是在為未來的回憶編寫故事。你可以試著運用第九章提到的步驟，為這道料理寫下你會放在菜單上的描述，看看同桌用餐的人覺得如何。

羅津的研究也顯示，相較於其他體驗（例如欣賞藝術品或聆聽音樂），我們對食物的記憶似乎比較不受最近經驗的影響。回憶參加過的演唱會時，你可能會覺得最後一首歌曲是當晚最精彩的表演，但你大概不會認為甜點是一頓飯中最美味的亮點，除非真的特別令人驚豔。不過，用餐完畢或旅程結束時，仍可能會留下一些不愉快的餘味。

「我都會盡量在去機場之前，自己在心裡為這段假期畫上句點。」羅津表示，「如果不這樣做，當有人問你玩得怎麼樣時，你可能會說『哦，回程那段飛機有夠糟糕』，因為這是你記憶中最近的一件事。」

趁著坐車前往機場的時候在心裡為旅程畫上句點是個好主意；不過如果是用餐，你可得把握時間這麼做，因為掃興的東西很快就會來了，那就是：帳單。聽完演唱會或參觀完博物館的時候，大家通常已經把門票多少錢拋諸腦後，但是餐後結帳的方式，會讓我們還來不及消化對這餐的感想，就要開始計算值不值得。

「如果是抽菸的人，事情就比較簡單，」羅津笑著說，「他們可以去餐廳外面抽根菸之類的，當作結尾。至於不抽菸的人嘛，或許可以到外面走走吧。」

出去走走這招未必都能用上，不過還有其他方法可以趁結帳之前把美食帶來的快樂記在心裡，避免帳單讓你的樂趣大打折扣。我特別喜歡幫每一道菜排名，討論哪些菜色深得我心，哪些最有特色。羅津認為這個主意非常好，但若你不想記住排名墊底的踩雷食物，真的大可不必去回想。

這些強調愉快記憶的方法之所以能發揮作用，是因為大腦本身的運作方式。事實上，效果還有可能好得太過頭。

「假設有個加勒比地區的巧克力師傅，他會製作調溫巧克力，技巧非常完美。」色彩品味法的創始人李說，「這款巧克力入口後絲滑柔順，正是製作者期望的口感；但當這巧克力到了英國之後，問題來了，這裡大部分時間的室溫都比牙買加低很多。我們可能會覺得巧克力變得有點硬，融化得有點太慢。也就是說，吃起來是完全不同的體驗，從產地到英國，品嘗感受截然不同。」

更進一步來說，可以想像你在牙買加吃到生平嘗過最美味的巧克力，咬下時發出脆響，在口中瞬間化作奢華馥郁的巧克力漿，香甜之中帶著糖蜜和烤奶油麵包的香氣，還有一絲忍冬花香。於是你買了一堆放進行李箱，能裝就裝多少，甚至還隨身帶著準備在飛機上享用（想必你還沒讀到這一章，還不知道這麼好的巧克力絕對、絕對不該在飛機上浪費掉）。回家之後，你拿了一塊給幫忙照顧小狗的寵物保母表達謝意，而且要她馬上跟你一起打開嘗嘗，因為你太想跟她分享這款絕妙巧克力帶來的美好感受。結果你一吃，差點沒哭出來。不是因為巧克力如同你第一次吃到時那般美妙，而是因為差太多了。

為了避開這種討人厭的感官陷阱，在選購食品類的伴手禮時，得要運用一點策略。實行起來並不困難，無論是在奧蘭多迪士尼樂園的美國小鎮大街，還是泰國的公共市場，商店貨架上都有琳琅滿目的選擇。第一點，先不要品嘗你選中的東西。第二點，務必挑選已經預先包裝好的食品，或是選擇能幫你妥善包裝的商店購買。也就是說，在巴黎街頭買到的可頌麵包，就在巴黎享用吧。芝加哥的熱狗也一樣，統統別帶走。有一次，我把在紐奧良買到的貝涅餅裝在紙袋裡緊緊包好，想說帶回家之後可以用烤箱稍微加熱來吃（我不會用微波爐糟蹋大老遠帶回來的珍饈）。但是到家時，那些我小心翼翼帶回來的酥炸麵包已經不行了；灑在麵包表面的那層薄薄糖粉在旅程中受潮化開，看起來不怎麼吸引人。我照著原定計畫，把貝涅餅放在鋪了烘焙紙的烤盤上，但是烤過之後吃起來既油膩又不新鮮。

我得再強調一次，絕對不要選擇你在旅途中品嘗過的東西——不管是葡萄酒、白蘭地還是馬格利酒。這不代表你造訪托斯卡尼山區的義大利酒莊時什麼都不能帶回家，你只要請協助選酒的人推薦一瓶你還沒品嘗過的葡萄酒就行了，可以是類似的酒款，但不要一模一樣。手中那杯經典奇揚地葡萄酒，就跟托斯卡尼的夕陽一起銘刻在記憶中吧，讓裝進行李箱裡的那瓶布魯內羅葡萄酒帶給你預期性愉悅感。此外，有了這項精心策劃的任務，你會在整個旅程中不斷尋找最適合當禮物的東西。某年我在聖誕節前夕去了比利時，看到很多商店櫥窗展示著焦糖餅乾，感覺很棒，而且外包裝是漂亮的鐵罐，這樣無論航空公司員工多用力地摔我的行李箱，都不用擔心弄破。

現在，你已經結束旅程返家，也準備好伴手禮要跟大家分享。在旅途中嘗試過的新東西，還有推薦這些東西給你的人，種種記憶都已牢牢印在腦海中。你可以開始想像下一個要造訪的地方，以及即將發掘的風味。這個世上還有許多東西值得親身品味呢。

11 品味高手的祕訣

前面我一直強調，只要你認真品嘗、用對方法，並為你內心的風味衣櫃收集一些參照資料，就會發現生活更加豐富美好。這些都需要時間累積，不過你可能馬上就想要看到一些成果。我懂我懂，這就來看看吧。

以下是講究美味的人都曉得的祕訣跟知識，還有一些實用工具、幾個好習慣，以及一點科學原理。有一些小技巧可以讓食物維持美味更久，還能順便替你省下一點錢。讓我們來看看懂得品味的內行人都知道、都在用的方法，讓你更懂得如何欣賞食物，更能細細品味我們所擁有的世界。

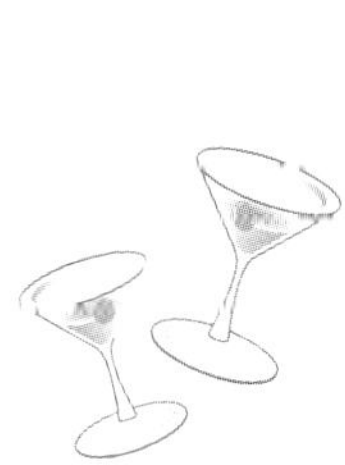

空氣是美食大敵

空氣會讓你的蘋果變黃，啤酒出現紙板味，葡萄酒變成醋。夾帶在空氣裡的各種髒東西，每天漂浮在我們周圍：酵母細胞、細菌、灰塵，還有天曉得是什麼的孢子，只要落在潮濕的環境裡就會生長得很開心。你有沒有注意過，有時候你買來的盒裝鮮榨柳橙汁或瓶裝鮮奶，即使已經超過包裝上標示的有效期限，還是一樣好喝？我敢打賭，你倒出要喝的量後一定是幾乎馬上關好蓋子，放回冰箱。牛奶沒有被汙染，代表可以維持美味更久。

不過大多數情況下，空氣之所以成為美食家的敵人，不是因為細菌，而是因為氧氣。氧是一種活性很高的原子，本身帶有六個電子，而且只要有機會，就會從其他原子那裡搶走兩個電子，好湊成八個。也就是說，氧一旦進入任何空間，就有可能透過氧化反應改變食物的風味特徵。氧化會產生陳舊氣味、紙味、鹹味、霉味、腐臭味……嗯，還有老人味。我是說真的。大約在四十歲左右，由於人體天然的抗氧化屏障能力逐漸降低，皮膚會開始產生更多的脂肪酸。這些皮膚上的脂肪酸發生氧化作用之後，會產生一種叫做2-壬烯醛的化學物質，聞起來是一股混合著草味的油膩氣息，隨著年齡增長，散發出的氣味濃度也會增加。所以說，沒錯，如果你不想讓你的苦艾酒聞起來像紙箱和阿公混合在一起的味道，記得酒倒出來之後就把瓶蓋蓋好。

如果你的酒瓶沒有可密封的蓋子，建議你去買個好瓶塞。如果你已經有瓶塞，務必確認可以牢牢封住瓶口。我個人覺得最好用的是扁平式香檳瓶塞。之所以叫做「扁平式」，是因為兩側的固定片可以往上扳，跟瓶塞頂部齊平，這樣的扁平設計便於放在口袋、野餐籃或錢包裡。我最喜歡的扁平式瓶塞是在法國買到的，但我也在紐約上州一家蘋果酒廠找到很不錯的類似款。你可以上網搜尋「扁平香檳塞」，就會找到價位高低不等的各式選擇。優良的瓶塞需要具備兩個條件。首先要有一個橡膠密封圈，上面有乳頭狀的突起物。這東西的實際作用是阻隔空氣，因此必須有一點彈性。如果你壓下去的時候，還沒壓扁就能感覺到另一側的塑膠主體，那就不是好瓶塞。其次，那兩片從瓶口往下固定瓶塞的塑膠固定片不能太大。當你將固定片從瓶口往下扳動卡好時，應該需要稍微出力。為了妥善密封，保護瓶中的珍貴液體不受空氣影響變質，你需要使用緊一點的瓶塞。

對於在雪莉酒廠管理酒桶、或是在英格蘭薩默塞特的洞穴中製作陳年乳酪的傑出工匠來說，氧氣是一種利器。他們會確保原料接觸到的氧氣量恰到好處，利用氧分子的轉化能力來引出風味，或是讓刺鼻的味道變得柔和。但是當他們精心製作的產品來到你手中時，氧氣就成了你不共戴天的仇敵。千萬不要把打開的橄欖油瓶放在廚房檯面上。一律謹守「打開、倒出來、關緊」的大原則。高品質的橄欖油值得好好珍惜，名廚埃娜．加爾頓每次都強調要使用優質橄欖油，是有原因的！

同樣的道理，也適用於你收藏的葡萄酒。沒錯，開瓶之後，空氣可以讓玻璃杯中的風味產生反應，將酒液香氣引入你的鼻腔，可是一旦打開瓶子，請在四十八小時內喝掉。接觸氧氣後不出幾小時，你就會注意到酒液漸漸出現類似波特酒的特性，葡萄的風味變得比較醇厚、溫潤。如果你喜歡波特酒，此時大概會心想：**喔，沒關係呀**。但你買的畢竟不是波特酒，釀酒師原本釀造的就不是波特酒。所以，為了好好品嘗原本的風味，請在氧氣造成變質之前把酒喝掉。

高溫也是敵人

如同先前所說，溫度越高，揮發性分子移動得越快。這就是熱咖啡比冷咖啡聞起來更香的原因，也解釋了為什麼一塊熱騰騰的餅乾能吸引屋裡另一頭的你，放在檯面上的餅乾麵團卻不會引起你的注意。不過分子運動加速也會讓反應發生得更快，尤其是剛才提到的那些討人厭的氧化反應。要是你把一箱啤酒忘在後車廂放個幾天，那些啤酒就跟煮過沒兩樣。

即使溫度沒有真的那麼高，溫度不斷升降也會加速陳化。放在車庫裡的啤酒，白天或許處於常溫之下，但到了晚上可能冷到接近結冰。像這樣反覆加速又停止的分子運動，會加快陳化的過程。用不了多久，啤酒那股帶有麵包味的麥芽清香就會轉變成有點像波特酒的感覺，還會出現淡淡的、很像紙味的氧化味道。

將昂貴的橄欖油放在爐子旁邊，等於是毀掉層次豐富的風味。「高溫和光照是橄欖油的大敵。」曾獲英國《廚神當道》（*MasterChef UK*）節目冠軍、熱愛橄欖油的品油師伊莉妮·祖佐格魯（Irini Tzortzoglou）表示，「大家常常忘了，橄欖油其實是一種果汁，是從果實中壓榨出來的油。你會讓果汁反覆加熱再冷卻嗎？不會嘛！這樣一定會壞掉。」

她告訴我，每當看到爐子旁放著一瓶橄欖油，她都會一陣心痛。「橄欖油會變質、酸腐，原本的果實風味會消失，健康益處也沒了。」她嘆了口氣。

大家聽到了沒？避免氧化、避開高溫！

確實有風土這回事，不過跟你想的不一樣

對某些人來說，一聽到「風土」（terroir）這個詞，就忍不住想翻白眼。原本談吐熱情、頭頭是道的人，一說出這個詞，就會突然有點……像是在裝懂，讓人聽不下去。

「喔，沒錯，這種礦物感明顯展現出產區優良的風土。」（翻白眼）那我們現在是在吃土嗎？

答案是對，也不對。你以往聽到的「風土」，可能有一部分是迷思，有一部分是為了行銷策略，但仍有一小部分是事實。這個專有名詞常用來指稱一種風土條件的表現，代表「地方風味」。以葡萄酒來說，風土指的是土壤成分、葡萄園的地形和規畫、日照條件、氣候等因素共同作用之下，最終對你手上那杯酒的風味產生的影響。由於葡萄對陽光、雨量和溫度的變化非常敏感，一位農民在山脊這一側種植釀製的葡萄酒，跟一山之隔的其他農民生產的葡萄酒，風味確實會不同。不過，這個解釋沒有透露的是，只要是手工製作的食品都是如此，尤其是經過發酵的產品。

在彷彿巨型倉庫的層架式酒窖（rickhouse）裡，存放著數百個酒桶，裡面裝滿波本、蘇格蘭等各款威士忌，靜靜地陳化、熟成，直到可以裝瓶的那一天。冬季寒冷時，木材會收縮，吸入空氣；而威士忌發酵和木材膨脹產生的壓力，會再將空氣推出。這股空氣裡，就蘊含著那座倉庫獨有的特徵。酒窖建築木材的風味、從外面田野或森林流入的空氣，甚至是落在酒桶周圍的灰塵，都是某一種風土條件特有的表現。

貝類等海產也有所謂的風土，不過是海洋版的，稱為海域風土（merroir）。富含鹽分的海水會滲入牡蠣、扇貝、海膽和蝦子的身體，也會將周圍天然植被和礦物質的風味一起注入這些海洋動物體內。來自寒冷海域的牡蠣通常比較鹹，也比較小。孕育自加州沿岸海域風土的海膽（好吃的部分其實是海膽的生殖腺）相對碩大、色澤呈淡橘黃色，而緬因州海域出產的海膽則比較小巧緊實，帶有紅褐斑點。

奧勒岡州立大學的林聚雲教授做了一項研究，請一群不太懂起司的受試者根據風味將起司逐塊分類。林教授和研究人員告訴受試者，只要將味道一樣的起司放在一起即可，不限組數。受試者一邊品嘗、一邊比對，再反覆試吃、分類，直到他們認為自己確實將味道相同的起司歸類在一起為止。接著研究團隊請受試者離開，隔天再帶著充分休息過的感官回來，確認他們是否滿意自己對於起司分類的最終判斷。受試者並不知道，他們品嘗的起司是用完全相同的設備、完全相同的程序製作的，唯一差別在於乳牛的飼養地點。

「這所謂的差別，也只差了幾十公里。基本上可以算是同一個區域的農場。」林教授說，「結果令人難以置信。平均而言，他們都相當精確地把同產地牛奶所製成的起司歸類在一起。」

林教授表示，這是首度有研究證實起司的味道會透露出風土差異。

「這個結果很令人驚訝，因為製作起司跟葡萄酒不一樣。用土壤種植葡萄、榨出汁液再釀造而成的葡萄酒，會直接受到風土影響。但產區種植的牧草是要先經過乳牛消化，乳牛產生的乳汁再加工製成起司，受試者卻還是分得出差異。」

與其將「風土」當成一個專門用語、當成一個表示該產品**只能**由擁有這片土地的少數人在當地生產的標籤，不如當作一種讚頌。從（幾乎）任何飲食當中，你都可以品嘗到大地和環境蘊藏的風味，為我們的生活增添變化萬千、豐富多樣的滋味，這點值得我們欣賞和感謝。

好壞無絕對

學會品嘗之後，你會慢慢分辨出哪些東西很美味，哪些東西是極品。更棒的是，只要多練習品味，你就可以說明某個東西好在哪裡，可以跟身邊的人分享訣竅和喜好。

不過你可能也會注意到，有些東西的味道不如預期。以前覺得附近麵包店賣兩美元的可頌頗美味，現在突然發覺有一絲焦味。在一家適合特別節日的餐廳吃到精心製作、近乎完美的燉飯很開心，但是將近三十美元的帳單讓你的好心情稍稍打了折扣。讓我告訴你一個祕密：享受美好滋味未必要花大錢。事實上，堅持只追求世界上最完美的風味（對於你的錢包和時間來說）是難以長久的。正因你平常吃的是普通食物，偶爾還會踩雷，完美風味才會顯得那麼特別。

各個領域的專家與行家，隨著對產品的認識日益增加，會開始將產品分成幾個級別，並挑出每個級別的「最佳代表」。例如咖啡迷各有喜愛的大眾品牌咖啡豆，是他們認為「食品雜貨店裡最划算的選擇」。起司愛好者都知道，如果要買整塊包裝的起司，蒂拉穆克的特濃白切達起司絕對是不二之選。我在加油站最常買的罐裝啤酒是內華達山脊啤酒廠（Sierra Nevada）出品的淡愛爾啤酒，如果沒有，我就買莫德洛（Modelo），每一口都會讓我很享受。

強納森．艾希霍爾正在為侍酒大師測驗做準備，但是當我問他要不要來做盒裝葡萄酒的盲品時，他說，「不用試了，我告訴你，最好喝的是法蘭齊亞粉紅酒（Franzia Blush），其他的根本比不上，這是史上最好喝的盒裝葡萄酒。要冰鎮過再喝，有夠讚。」

我向威士忌專家傑克．貝格多問起他的小資推薦款時，他馬上回答，「我最喜歡的平價威士忌是白色標籤的伊凡威廉斯（Evan Williams）單一酒倉威士忌（Bottled-in-Bond）。」這款的價格大概落在十四到十九美元之間。

正因為他們是專家，才能輕鬆地在頂級和平價這兩個層級間切換，推薦其中最好的產品。研究顯示，一個人對某個領域的了解越是深入，越懂得如何運用這些知識將該領域細分為不同類別。剛踏入葡萄酒世界的人，大概只分得出紅酒、白酒和粉紅酒。當然，最好喝的粉紅酒不可能是平價盒裝酒。但對於真正的專家來說，光是粉紅酒，就能分成十幾種類別。

有項研究顯示，相較於把「特色啤酒」與「一般啤酒」分開來看的人，那些覺得「啤酒」都是同一類的人會比較不喜歡市售大眾款的拉格啤酒。一個人心中的啤酒分類越多元，就越容易在不同類別中找到喜歡的啤酒。想不到吧！我們常以為，懂得越多的人越難滿足，但其實剛好相反：真正難討好的，往往是那些懂得太少的人。

用語的學問

講究風味的人會碰到很多奇怪的用語，其中有些已經很落伍，也有一些根本是胡言亂語。以下是我在品味之旅當中遇過的一些詞彙，有些真的會讓人暈頭轉向。

吃生蠔時嘗到的汁液，英文稱為 liquor，是海水和牡蠣體液混合而自然產生的液體。不過談到啤酒的時候，liquor 指的是用來釀造啤酒的水。如果是在講酒精濃度高的酒，liquor 就是指烈酒，但若講 liqueur 則是指利口酒，是一種（根據法規定義）有調味、有加糖的酒。說到烈酒，美國常用的酒精標示單位「標準酒度」（proof），指的是酒精體積百分比的兩倍數值。也就是說，標準酒度為九十的波本威士忌，酒精含量是百分之四十五，表示這瓶酒有百分之四十五是純酒精，其餘則是風味化合物跟……很貴的水。

我們都知道麵包皮（crust），但是麵包中間叫什麼呢？叫做麵包心（crumb），儘管麵包心既不易碎（crumbly）也不見得品質差（crummy）。crumb 還可以用來表示蛋糕或糕點內部的質地。另一方面，起司的中間部分稱為起司心（paste）。簡單來說，除了起司皮以外，其他部分都算是起司心。附帶一提，起司皮是可以吃的。雖然不是每種起司皮都好吃，但根據法律規定（至少在美國是這樣），起司皮必須是可食用的，沒錯，連外層的蠟皮也是。

穀倉味、**鞍褥味**、**野性風味**、**農村味**、**馬廄味**、**穀倉地窖味**、**羊羶味**和**刺鼻味**，都是用來替代「聞起來有點臭」的說法。我先說清楚，許多味道很好的東西都可能帶有一點臭味，例如自然葡萄酒、酸啤酒，還有在洞穴中熟成的起司。當這種氣味變得過於濃烈，從有點像牧場的味道轉變為完全腐爛的味道時，可以用「陳腐氣味」來形容。「陳腐氣味」也很常用來描述不小心發生厭氧發酵的橄欖油。來，跟我說一遍：野性風味（funky），很好。陳腐氣味（fusty），不好。

咖啡脂（crema）是指浮在高壓萃取後的濃縮咖啡表面，那層棕褐色或淺棕色的泡沫。啤酒泡沫（head）或酒沫（mousse）是指啤酒剛倒出來時，最上面的泡沫層。天然蜂蜜表面出現的白色泡泡，並不是缺陷。那其實是珍貴的蜂蜜泡沫，是蜂蜜在容器中靜置時，空氣浮上表面而形成的一層輕盈蜜層，包覆著淡淡風味。「葡萄酒賊」（wine thief）不是罪名，而是取酒器的英文名稱；這種棒狀工具可以用來從酒桶中取出酒液，以供品嘗和確認品質。別以為這個賊只會出現在葡萄園裡，同樣的工具也可以用來品嘗波本威士忌、啤酒、醋或楓糖漿。只要是裝在桶子裡的液體，就可以用取酒器來「偷」一口。

品嘗組合（flight）是指包含三種以上、類型相同的樣品組合，用來試吃或試飲，比較風味差異。從起司、葡萄酒、巧克力到咖啡馬丁尼，只要是能裝進玻璃杯或切分成正常大小的三分之一、並排呈現的東西，都可以設計成品嘗組合。大瓶裝酒瓶（magnum）的容量為一公升半，相當於兩瓶標準瓶，除非人數眾多，否則不會拿來品飲。大瓶裝酒瓶一般是用軟木塞和鐵絲籠封裝。鐵絲籠是由金屬蓋和鐵絲構成，用於固定葡萄酒、啤酒或蘋果酒瓶口的軟木塞。

杯測是一種標準化、帶有儀式感的咖啡品評方式，從評估乾燥的咖啡豆開始，一路依照品味方法進行；品嘗時不是像平常喝咖啡那樣啜飲，而是用專門的杯測匙舀取咖啡。茶界有自成一格的品鑑儀式，同樣是從觀察乾茶葉開始，以品飲茶湯作終。

獨角獸（unicorn）可用來形容稀有、產量極少、不易找到的**逸品**。葡萄酒中的獨角獸，通常來自特別優異又難以入手的年份。釀酒廠推出年度限量版的司陶特或ＩＰＡ啤酒時，也會吸引大批人潮提前在停車場排隊搶購。簡單來說，獨角獸是一種你總在尋找、即使未必真能找到或親口品味的東西。威士忌迷有獨角獸酒款，壽司老饕追求珍稀生魚片（最好是出自特定廚師之手），甚至連巴薩米可醋都有所謂的獨角獸級別（來自摩德納市的二十五年特陳傳統巴薩米可醋）。

打開，喝掉

「我曾經讓天使之妒（Angel's Envy）酒廠經理凱爾・韓德森（Kyle Henderson）在一瓶酒上面簽名，要送給我未婚妻的爸爸，因為他最喜歡天使之妒的酒。當時韓德森告訴我：『不要讓這瓶酒最後流落到 eBay 上喔，一定要讓他喝到。』」班・沃德說著笑了起來。「你知道他寫什麼嗎？他寫了『安迪，請享用』。沒錯，威士忌是用來喝的；有些威士忌只適合偶爾喝，但威士忌就是為了拿來喝而存在的。」

沃德說，安迪確實遵照題字所寫的好好享用了那瓶酒，而且已經將那個酒瓶重新裝滿六、七次，沒有要拿到 eBay 上拍賣。

沃德、韓德森跟我的見解一致。世界上有些特殊的東西會被密封在玻璃瓶、玻璃罐中，或是裝在沉重的瓷器或陶瓷製品裡（祖佐格魯告訴我，頂級橄欖油就是用這種容器裝）；但你沒辦法穿透容器品嘗到那些成品的精妙之處。有人製作出這些東西，就是為了讓你開封，所以儘管打開來享用吧！如果你想要保留展示用的紀念品，留瓶子就好。

還有，拜託拜託拜託，一旦打開，務必用掉。我知道你從義大利帶回來的那瓶巴薩米可醋真的很貴，所以你用得很珍惜，但是在打開之後的每一分每一秒，那瓶醋的風味和品質都在惡化。一旦開瓶，氧氣就會流入，進行討人厭的氧化作用。請如釀醋師所願，儘快使用，這樣你才能品嘗到製作者想呈現的風味。

如果你覺得平時好像很難用到，那就來一場巴薩米可醋派對吧，你的朋友一定會喜歡。你可以用巴薩米可醋調杯雞尾酒。要是不好喝怎麼辦？倒掉啊。你並沒有浪費或糟蹋，你使用了那些醋，而且從中獲得經驗。我保證，這麼做能學到的事情，一定比把醋放在儲藏櫃裡學到的要多十倍。（不過下次我會建議，用一點五盎司的波本威士忌、四分之三盎司的鮮榨葡萄柚汁、一吧匙的純糖漿，加上一到兩吧匙你喜歡的醋，跟冰塊混合攪拌，調製完成後濾掉冰塊倒入 Nick and Nora 馬丁尼杯。記得試試看。）

什麼，你說沒朋友嗎？沒關係。你可以每晚舉辦個人獨享的巴薩米可醋派對，直到那瓶醋見底為止。站在水槽前面，將巴薩米可醋淋在優質起司上，然後閉起眼睛品味。你知道再來要做什麼嗎？你可以把巴薩米可醋淋在平價起司上，可以撕塊麵包沾醋配著吃，或是淋在沙拉跟冰淇淋上面。喜歡，就要用，讓這場短暫的巴薩米可醋之戀燃燒得轟轟烈烈！

別耍白目

我們都曾在酒吧裡看到某個人一邊大聲嚷嚷「誰會在這裡點粉紅酒來喝啊，那款甚至不是普羅旺斯的耶」，一邊環顧人群，看誰要來跟他爭辯自然氣泡酒（pét-nat）瓶中二次發酵的專業細節。我可以向你保證一件事，那傢伙絕對不是經過完整訓練的品味達人。他或許是以此目標，但目前還處於我稱之為「熱情白目」的階段。（或者他本來就是個白目，這就說不準了。）

當你開始學習某個主題時，會有一段時間自認已經掌握了所有相關知識。你在弗朗什康提（Franche-Comté）地區平緩的山巒間待上三天，就突然成了康提起司的權威專家；在食品雜貨店裡，你悄聲對旁邊的顧客說，「這起司包得太緊了，等你帶回家裡大概有點變質了。」看似發自善意，但你其實只是想昭告天下你很懂。不過明理的品味愛好者都曉得，沒人問就急著給意見，不過是在自我吹噓，並不是什麼助人行為。

最重要的原則就是，不要掃別人的興。知道了嗎？

12 一生難忘的味道

你聽過「普魯斯特現象」（Proustian phenomenon）嗎？那是指某個東西的味道，讓你心中不由自主地浮現生命中某個時刻的鮮明回憶，這種回憶又稱為自傳式記憶（autobiographical memory）。此現象的名稱源自馬塞爾·普魯斯特（Marcel Proust）最知名的作品《追憶似水年華》（*In Search of Lost Time*，最初於一九一三年以法文出版，法文書名為 *À la recherche du temps perdu*），書中有一段影響深遠的文字，描述瑪德蓮蛋糕浸了茶湯後的味道，讓普魯斯特的心境瞬間轉變：

我舀了一匙泡過小塊蛋糕的茶送到嘴邊。混著蛋糕碎屑的溫熱茶湯才剛入口，一股戰慄就竄過全身，我停了下來，發現非比尋常的變化正在我身上發生。一股無上的愉悅感襲來，純然獨立，不知從何而來。

美國鄉村音樂二人組丹和沙伊（Dan + Shay）在獲得多白金認證的單曲〈龍舌蘭酒〉（*Tequila*）中，為現代聽眾呈現了普魯斯特現象的本質。這首歌描寫男子喝下一口龍舌蘭酒之後，腦海瞬間浮現前女友在酒吧跳舞的情景，甚至連她當時穿的姐妹會T恤都歷歷在目。（Google這首歌聽聽看吧！）無論是二十一世紀的鄉村歌手，還是二十世紀初的法國小說家，都描述了味覺引起的感覺不完全是記憶，而是情感狀態。最先浮現的不是對事實的明確回憶（像是事件發生的時間和地點），而是一種感受。風味記憶會喚起回憶者在記憶形成當下的情感狀態，這點和風味資訊（尤其是香氣）在大腦中的傳播方式有關。

氣味訊號會直接傳遞至大腦的邊緣系統，包括杏仁核（跟處理記憶和情緒有關）以及海馬迴（跟形成記憶有關）。科學家認為這些腦部區域負責對事件賦予情感意義。所以就本質上來說，由氣味引發的自傳式記憶也必然會勾起情感。大腦並非同時回顧情感和記憶，這兩者原本就是交織的。

從用於儲存氣味記憶的大腦區域，可以看出為什麼我們回想起與其他感官刺激（例如音樂）有關的記憶時，感受會有所不同。

一首出現在播放清單中的歌曲，可能會喚起你跟大學室友在春假旅行時合唱這首歌的回憶。想起這段往事，或許會讓你覺得心頭暖暖的。不過這些感受，都是在你想起某時某地與某人共度的時光之後才出現的。氣味訊號可以直接傳達到邊緣系統，但是觸覺、聽覺和視覺等其他感官輸入會先通過視丘。氣味跟味道喚起的回憶，不僅比關於文字、圖像或聲音的記憶更容易勾起情感，也更令人愉悅。

丹和沙伊在歌曲後半唱到，走進以前經常跟前女友一起去的酒吧或是聽到一起聽過的老歌，不會像喝到龍舌蘭酒那樣勾起強烈的感受，清楚點出了音樂與場景喚起的記憶跟味覺引發的情感記憶並不同。這兩位鄉村歌手用十分簡潔的方式，呈現出這種記憶現象：嘗到某個味道之後，從前關於那個味道的情感記憶就會湧現出來，讓你彷彿重溫舊事。但普魯斯特才不來簡潔這一套（這本提到瑪德蓮蛋糕的小說可是長達四千多頁），他接著用了大約一千字來剖析這種感覺。

主角又嘗了幾口瑪德蓮，一邊在腦海中搜尋這股愉悅感與泡過茶湯的糕點有什麼關聯。他注意到，那股幸福和喜悅的情緒隨著他吃下的每一口滲透到意識之中，儘管他不明白究竟是何緣由。他很清楚那些情緒跟瑪德蓮滋味的回憶有關，但他似乎無法從腦海中翻出細節。

反覆思來想去，一段回憶突然湧上心頭。小時候，他的阿姨常在星期天早上給他吃一小塊浸過茶湯的瑪德蓮蛋糕。

普魯斯特筆下的主角經過一番努力，才將回憶與他的愉悅感連結起來。大多數人不會花這麼多時間在腦海深處尋找氣味和記憶之間的關聯。事實上，絕大多數人甚至不會注意到周圍的氣味對於情感狀態有多大的影響。

戈德沃姆說她有一次去某間廣告公司演講，談到將品牌專屬嗅覺識別納入行銷計畫時，聽眾對於相關討論似乎不怎麼積極，因此她決定邀請大家「玩個小遊戲」。

她轉向位置最近的一位，詢問對方是在哪裡長大的。戈德沃姆告訴我，來聽演講的主管們並不曉得，即使在自己沒意識到的情況下，氣味也會持續觸發感官，影響心情。

「我問講台前面的一位女性：『請問你出生在哪裡？你從哪裡來的？』」戈德沃姆說。

那個女人回答在紐約長大。

「我拿張吸墨紙沾了一點東西，然後遞給她，」戈德沃姆告訴我，「對方臉上立刻浮現出深深喜悅的神情。她閉上眼睛，又吸了一口氣，然後對我說：『天哪，這是什麼？聞起來就像回到家鄉。』」

戈德沃姆主張，能夠喚起情感反應和回憶的，並不是我們在生活中刻意添加的氣味（例如香水或香氛蠟燭），而是我們在不同地方自然而然聞到的環境氣味。她沾在吸墨紙上遞給女人，讓對方欣喜非常的那股氣味……是汽油味。

氣味喚起的記憶性質屬於自傳式記憶，能像穿越時空一樣將你帶回當時的情感狀態。這些生動鮮明的記憶，大部分是在我們人生前十年中形成的。「那時一切都很新鮮，很多事情是第一次經歷。」戈德沃姆說。

戈德沃姆一直到進入調香師培訓學校之後，才意識到自己對香奈兒 Coco 香水的香氣有強烈的記憶。「我聞了，卻分不出有什麼成分，」她說，「我很努力思考，但我只看到我媽。我完全沒辦法給這股香氣客觀的評價；我只想到我媽。」她做了一番普魯斯特式的自我審視，發現這種強烈的反應可以追溯到小時候。她想起以前父親每次從歐洲回來，都會帶這款香水送給母親。香水快要用完時，母親就會把香水瓶給她玩，讓她放在自己的房間裡。

人到十歲或十二歲之後，就比較少產生這種由氣味勾起的回憶了。年歲漸長，我們只有在經歷強烈的情感事件時才會形成這種記憶，例如初戀，或是像丹和沙伊歌曲中那般撕心裂肺的分手。我們仍然會認識和記憶氣味。如果你一直到二十歲才頭一次聞到薰衣草的味道，當香氛蠟燭的薰衣草香氣充滿整個空間時，儘管你認得出那個味道，但記憶的類型並不一樣：雖然存在腦海中，卻不在潛意識裡，也不會改變我們的感受。在這種情況下指出香氣是薰衣草味，就像指著一把椅子說是橘色，只是一種回想。

即使是汽油味這樣普通的氣味，仍會勾起人的情感，這就是嗅覺喪失症（部分或完全喪失嗅覺）會讓患者沮喪的原因。「很多人都以為是飲食方面受到影響，感覺東西不如以往好吃了。」戈德沃姆說，「這確實是原因之一，不過主要的問題在於患者聞不到氣味，就無法喚起任何情感記憶。」

整體來說，第一次經歷嗅覺喪失的人，會顯得「情感平淡」（flat）。患者不只是無法嗅起美好回憶，也無法對壓力、悲傷或憤怒的暗示做出反應。在嗅覺喪失的情況下，他們無法察覺能讓人感到安慰舒緩或警覺危險的觸發因素。

導致嗅覺喪失症的情形有很多種，包括頭部創傷、疾病或病毒感染。新型冠狀病毒肺炎（COVID-19）在全球大流行時，專家確認嗅覺喪失是感染的明顯症狀，讓大眾普遍注意到暫時性嗅覺喪失症。

感染新冠肺炎後失去嗅覺的人，大多數在一年內恢復嗅覺，也有許多人更快恢復。耳鼻喉科專家卡洛琳．胡爾特（Caroline Huart）在比利時魯汶大學神經科學研究所擔任研究員，鑽研嗅覺系統的功能和功能障礙。她表示，有一個生理指標可以用來判斷哪些人在罹患新冠肺炎而喪失嗅覺之後比較容易復原。

「如果你的嗅球體積比較大，康復的機率就會比較高。」胡爾特說。嗅球是與嗅覺相關的腦部區域，若是嗅球體積比較大的人，嗅覺能力會比較強。嗅球的大小並非一出生就決定，而是會隨使用多寡變化及生長。

「我們知道嗅覺與嗅球體積有關，」胡爾特說，「數據顯示，多做嗅覺訓練可以增加嗅球的尺寸。」在一項研究中，科學家找來有志成為侍酒師的學生，測量他們的嗅球大小；經過一年半的葡萄酒訓練以後，他們的嗅球體積與對照組相比明顯增加了。人類的嗅覺系統還具有「驚人的可塑性」。受傷或生病之後嗅球會萎縮，不過隨著患者恢復健康，嗅球的體積又會增加。

我們可以透過練習來增大嗅球，所以罹患嗅覺喪失症的人是有希望恢復嗅覺的。試圖恢復嗅覺的人所採取的特殊療法，就是「嗅覺訓練」。他們得要每天嗅聞四種精油（通常是玫瑰、尤加利、檸檬和丁香）共兩次，持續三個月。關於嗅覺訓練對嗅覺恢復時間的影響，已有超過十年的研究，由於新冠肺炎讓大眾普遍擔憂喪失嗅覺，更進一步激發了學界探究相關影響的興趣。研究顯示，治療成功率因患者而異。這種治療嗅覺喪失症的療法並非侵入性、也無需吃藥，而且內容制式化，大多數人都會抱持「姑且一試」的態度。你只要在牙刷旁放幾瓶精油，就能加強你的嗅球和嗅覺訓練。每天早晚刷牙前，聞一聞精油的味道，然後大聲說出你聞到什麼氣味，每年可更換精油二到三次。此時此刻，我的浴櫃上就擺著薰衣草和胡椒薄荷精油；冬天時我會換成肉桂或丁香精油，這兩種味道對我來說很有節慶感。

新冠肺炎病毒的威脅雖已逐漸減弱，但嗅覺喪失與健康狀況不佳之間的關聯，並非只有一種疾病。二〇一四年有一項針對五十七歲至八十五歲成人所做的研究，發現比起被診斷出癌症、心臟衰竭或肺部疾病的人，罹患嗅覺喪失的人更容易在未來五年內死亡。在所有死亡風險指標中，只有嚴重肝病的風險高於嗅覺功能異常。

胡爾特所屬的研究團隊根據這項發現發表了一篇論文，內容舉出嗅覺喪失和整體死亡風險之間的諸多關聯。嗅覺障礙也是阿茲海默症和帕金森氏症最早期的症狀之一。只要了解大腦對氣味和記憶的處理方式之間有什麼樣的密切關係，就不會對這種關聯感到意外。嗅覺喪失與營養不良有關，也和社交互動不足有關。即使是現階段認知功能良好的受試者，喪失嗅覺也被視為日後認知能力會下降的指標。嗅覺喪失會增加因烹飪意外、火災及食用變質食物而受到傷害的風險，也與睡眠中斷有關。嗅覺受損的人遭遇危險事件的機率，比嗅覺正常的人高出兩到三倍。

喪失嗅覺的負面影響遠遠不僅於此，隨著提到的疾病種類越來越多，我忍不住開口詢問胡爾特：「我們能不能藉由強化嗅覺來減少這些風險和傷害？」如果嗅覺訓練可以增加嗅球體積，而嗅球變大又能減少某些因新冠肺炎而喪失嗅覺的問題，我會覺得強化嗅覺來避免那些可怕疾患似乎是相當合理的方法。

「啊，問得好，這問題很有趣。」她停下來仔細思考，「這個嘛，我們知道如果有嗅覺功能障礙，死亡風險就會比較高，還有……」她越說越小聲，停頓一下，然後把我的問題重複了一遍。「如果去做嗅覺訓練、改善嗅覺功能，會對腦部健康或生理年齡產生什麼影響嗎？我們不知道。就我所知，還沒有人做這方面的研究。」

對於這個回答，我解讀為科學家版本的「或許吧」。

歷來規模最大的科學抽樣調查，正是一項嗅覺研究。一九八六年九月，《國家地理雜誌》（*National Geographic Magazine*）在寄給大約一千一百萬訂戶的雜誌中，放了一張有六個格子的刮嗅式測驗卡，並附上調查問卷，請讀者針對每種氣味提供更多資訊：「這個味道勾起什麼鮮明回憶嗎？」或是「你會吃聞起來有這個味道的東西嗎？」同時也詢問讀者本身的資訊，例如性別、年齡，以及是否有抽菸或過敏。此外還有一個備註欄位，讓讀者詳述自己對於氣味和記憶的感受。（有些讀者在這個欄位譴責《國家地理雜誌》弄了味道這麼重的一張紙，害他們得要馬上拿去屋外。這些人大概是超級嗅覺者——不過也有可能只是脾氣比較差。）

約有一百五十萬名訂戶回覆問卷並郵寄到費城莫內爾化學感官中心（也就是道爾頓所屬的機構）給研究團隊，讓這次調查成為有史以來規模最大的一項科學研究。

讀者們對於能參與真正的研究感到非常興奮，甚至有人特地影印問卷寄回去——要知道，在一九八〇年代後期，影印機還不是很普及，影印問卷可不是件容易的事。

測驗卡上的六種氣味分別是玫瑰、丁香（丁香酚）、汗水（雄固酮）、香蕉（乙酸異戊酯）、麝香（佳樂麝香），以及常添加在天然氣中的硫磺味（硫醇）；只有半數受試者六種氣味都聞得到，這表示有一半的受試者天生聞不到某些氣味，或是患有特異性嗅覺喪失。

就算是聞得到的人，也未必認得出是什麼味。只有六成五的受試者聞得到雄固酮的味道，認得出是汗味的則僅有兩成五。對於玫瑰香味，有百分之九十九的人聞得到，但只有百分之八十四的受試者知道那是花香味。

「受試者如果能正確辨識出是什麼氣味，勾起回憶的機率會比較高，而且往往是非常具體的記憶。」《國家地理雜誌》在一九八七年十月號發表研究結果，內容提到：「對某位住在英國的女性來說，測驗中的樣本六（玫瑰）不光只是『花香味』，而是一種『品種名叫做查爾斯．德巴特博士的深紅色玫瑰』的香味，她上一次聞到這種香氣是十九年前，在她奶奶位於非洲的花園裡。」

受試者對於刮嗅式測驗卡中的六種氣味未必有相關記憶，但有不少人分享了自己被氣味勾起的回憶。有些讀者表示，《國家地理雜誌》的紙張氣味會讓他們想起童年在地下室玩的情景，或是以往翻閱這本雜誌的時光。還有像這樣的感人故事：「先生過世之後，我有時會走進他的更衣室，緊緊抱著他的西裝，因為上面還留著他身體的味道、淡淡的菸味和刮鬍水的香氣。我就站在那裡，抱著他的衣服，假裝他還在，閉著眼讓眼淚流下來。」

擁有這些由氣味勾起的回憶，或許是一種保持敏銳嗅覺和靈活思維的方法。《國家地理雜誌》的研究發現，感知氣味的能力可以維持到七十幾歲，但是辨別氣味的能力通常會在三十幾歲時開始降低。不過，這種情況有機會避免，尤其我們可以藉由創造有關氣味的記憶，讓自己在年老時仍保有敏銳的嗅覺。

二〇〇八年，比爾．辛普森博士在英國萊瑟黑德（Leatherhead）物色人才，準備培訓一個感官小組。他先進行公開招募，請應徵者填寫一份關於自身感官能力和生活習慣的問卷，約有四百五十人申請，他再選出一百四十人現場測試，之後剩下四十個人。產業心理學家對這些人做了評估，排除掉「可能擾亂團體秩序的人」。最終，辛普森博士篩選出三十二位能力出眾的成員，可以接受培訓成為感官評估員，並成為AROXA的兼職員工。為了能更精準地評估客戶提供的樣本，小組成員長期接受嗅覺訓練，以保持敏銳的感官能力。他們光用聞的，就能辨識出大約一百六十五種化合物；你可以想像一下這些人的嗅球有多大！

「選出這三十二個人之後，我請他們填寫工作申請表，以便把資料註冊到員工系統，」辛普森說，「我才知道大家的年紀，其中一位已經七十歲了。」

訪談時這位成員七十四歲，辛普森說她在小組中的表現極佳。「重點在於健康狀態。」辛普森表示，「只要身體健康，加上充分訓練，年齡就不是問題。」

研究顯示，當身體機能因自然老化或是阿茲海默症、帕金森氏症、失智症等疾病而開始衰退時，這些有關嗅覺和味覺的記憶會保留得最久。你可能會注意到罹患阿茲海默症的親人不斷憶起自己第一次吃奶昔的情景，或是多次提到小時候夜裡會聞到飄進家中的松樹氣味。

這些氣味記憶留下的印象如此深刻而持久，不光是研究記憶的專家，連商業品牌也深感興趣。戈德沃姆曾為各種規模大小的企業調製專屬香氛，她指出，「懂得運用氣味策略的公司，會試圖讓你在其他地方聞到同樣的味道時，立刻聯想到他們的品牌。你可能會突然間非常想再搭一趟遊輪、再買一件禮服，或是再買一輛車，而且不是隨便什麼車、什麼遊輪或是什麼禮服都好，你就只會想到那個品牌。」

她與Nike合作設計香氛時，選用了汗水、橡膠、泥土、草地的氣味，還有「新籃球沾上手油之後的味道」。Nike的「氣味標誌」聞起來並不像你個人的運動回憶，因為其中包含好幾種會勾起有關獲勝、團隊合作、落敗和奪冠等個人情感的氣味。

別以為只有品牌能靠精心設計的香氣強行喚起我們的記憶，我們也可以掌握屬於自己的氣味記憶主導權。不論是經歷心碎的分手、剛搬到陌生城市，或者就只是想來個「全新的開始」，都可以用一個方法快速重整心情，那就是更換生活中的所有氣味。

「你需要新的洗手乳、新的洗碗精，洗衣粉也要換掉，還可以準備一些新的蠟燭或室內香氛用品。」戈德沃姆說，「但如果你正在經歷某些轉變，想要保留一點熟悉感，也可以特別留意這些東西。你可以帶著平常慣用的洗衣粉，準備跟以前一樣的洗髮精，這樣會讓你感覺比較安定。」

如果你希望能隨時重溫某一天或某個時刻，也可以藉由加入新的氣味來鎖定回憶。像是在婚禮當天噴新的香水，一款你喜歡、但是聞起來跟慣用品截然不同的香氛；或是在家族旅行的最後一天買一款香水，讓每個人都噴在身上。

我還記得，要離開法國薩西城堡飯店（Château de Sacy）的那天，我盡力用蹩腳的法文向禮賓人員道謝。我重複說了謝謝和再見之後，對方回應了幾句我完全聽不懂的話。

「嗯嗯，」我一邊微笑，一邊往大門口後退。「Merci！（謝謝！）」

最後他急急忙忙地用英文說，「不，等一下，等一下！你的禮盒還沒拿！」

我這才意識到，原來他一直在配合試圖用拙劣法文溝通的我，尷尬得臉都紅了。我接過袋子，裡面有一小瓶香檳，還有一個裝在塑膠盒裡、印有飯店外觀輪廓的陶瓷擴香石。

「哇，這是什麼？」我拿起那個白色的小方塊問道。

「那上面有這裡每個房間都有的氣味。城堡裡每個地方都有這種香味。」他告訴我這是香檳的香氣，混合了杏仁餅乾和清雅的白花香。

「如果你喜歡這個味道，我們還有同款香味的香氛蠟燭。」他指了指木頭展示櫃，「只要點燃蠟燭，你就會覺得自己回到了這裡。」

於是我帶著禮盒和香氛蠟燭離開了飯店。像這樣將特別調製的氣味記憶打包進行李箱帶回家的機會，其實並不少。法國很多飯店都有販售類似紀念品，部分餐廳也有。就連我訂的那個房間超小的巴黎飯店，儘管聞起來就是一股殘餘白蘭地混合陳年菸味的味道，上鎖的展示櫃裡還是擺著一款品牌專屬蠟燭。我覺得啦，除非那個蠟燭聞起來真的有陳年菸味和酒味，否則很難讓人回想起那家飯店。

不過由此看來，歐洲旅遊業非常清楚我們會在氣味、情感和記憶之間建立連結。那個陶瓷擴香石的香味已經幾乎完全散去，但每當我想假裝自己置身在薩西的葡萄園時，只要點燃蠟燭就行了。

結語

由品味成就的你

「你吃什麼，決定了你是什麼樣子。」（You are what you eat.）這句話大家應該都不陌生，因為所言不虛。你吃的食物，會實際化作建構肉體及維持身體機能的根本。那麼精神層面的你，也就是你的個性、記憶、經驗和文化成就，又是如何呢？對此，我想提出一句新的格言：「你品嘗什麼，決定了你是什麼樣子。」

吃是接收動作，不過正如你從本書了解到的，品嘗絕對不是被動的接收。你的個人品味歷程一開始或許會受到別人影響，像是家庭和文化背景養成的偏好；當然，基因也會影響你能夠品嘗出哪些化合物的味道。不過你要特地花時間去細品哪些味道、要主動留意和關注什麼風味，全都取決於你自己。每次進食，都是一次品嘗的機會。現在，你已經握有工具，可以盡情觀察、討論及描述一個全新的風味世界。

在閱讀這本書之前，你是吃生蠔。現在，你懂得如何品嘗生蠔。你會注意到，產自加拿大海域風土的生蠔有明顯的海味，而加州的太平洋牡蠣（Magallana gigas）則帶有淡淡的蜜瓜味。你可能還會發現九月和十月的生蠔最鮮甜。細細品嘗之後得到的發現，或許會促使你去探究原因，進而得知初秋正是牡蠣儲存營養、準備過冬的時候。去法國度假時，別忘了點生蠔，那股驚喜感將為你創造全新的風味記憶——前提在於這是你第一次嘗到歐洲原產、帶有濃郁銅味和鮮明礦物味的貝隆蠔（Belon oyster）。如果你只是吃生蠔，而不是品嘗生蠔，那你就會完全錯過那些細微差別和回憶。

透過這本書，你認識了鼻後通道，確認了自己是不是超級味覺者，了解到冰淇淋店都愛用粉紅色油漆的原因，並學會了品味方法七步驟。你透過幾個練習活動來辨別風味，並歸檔到記憶中，也知道人類的視覺如何影響味蕾，以及專業品味師如何應對這些影響。我為你介紹了風味交互作用的4C法則，並告訴你食物搭配沒有什麼特殊祕訣（記住，只要你喜歡，就是很好的搭配！）。你找到喜歡的風味輪，還獲得一套可以幫助你輕鬆描述風味的模板。你學到在規畫旅行時，如何在對美食的期待和發掘意外驚喜之間找到平衡。

最後，你還學到了如何創造能真正長久留存的感官記憶，就如我在完成本書最後一趟採訪那天努力創造的氣味記憶。驅車離開蒂拉穆克乳製品廠時，我搖下車窗，外面飄進一股帶著柑橘感的松樹清香，混著沼澤的腐爛氣息。**我現在該做的，就是把這本書寫完**，我一邊想，一邊吸入濕土和硫磺的氣味。若是在六年前，我會把那股硫磺味稱為「異味」。不過現在我懂得更多了。如果是三年前的我，應該沒辦法告訴你這片森林聞起來是什麼味道，我可能只會說是「樹木味」。當下我輕輕吸了幾口空氣，心想：**這就是美國西岸森林下過雨後的味道，這是奧勒岡州一座潮濕多雨的森林。**如果我再聞到同樣的味道，應該會想起這一刻。那股氣味跟我在佛蒙特州開車穿越的森林截然不同，那些森林充滿了楓樹皮細微的辛香氣息和黃樺木的薄荷清香。

這裡除了沼澤和松樹，還有昨晚風雨過後濕透岩石散發的礦石氣味，讓我想起以前經過紐西蘭山路上極為狹窄的隘口，車旁岩壁上小瀑布害我心慌了一下。開車穿過山區之後，我第一次品嘗到紐西蘭夏多內白酒特有的燧石煙燻味；幾天後，我們在帳篷外烤袋鼠肉時，我搭配了同一款夏多內白酒，袋鼠肉的野味跟與夏多內白酒的煙燻味相得益彰。

那不是我第一次品嘗袋鼠肉。我大學期間在沃斯堡（Fort Worth）的孤鴿酒吧（The Lonesome Dove）打工時首次嘗試，那道菜算是升級版的墨西哥肉醬玉米脆片（nacho），用的是袋鼠肉，還放了酪梨。這大概是我第一個刻意收入內心風味收藏庫的味道，當時我簡直不敢相信德州允許把有袋動物當成食材。

「一英里後，靠右側行駛。」導航語音讓我從一連串的風味記憶中回過神來，我仍開著租來的車。我在寂靜的車內微微一笑；這一刻，我比以往任何時候都更確定，認真品嘗是明智的選擇。我想我會讓大家看到，用心感受風味能讓生活更美好、更有層次，也更有連結感。我試著再吸一點奧勒岡州潮濕森林的氣息，想喚回袋鼠肉醬玉米脆片和紐西蘭山區的記憶。但那個時刻已不復返，於是我關上車窗，播放音樂。

現在，你可以展開屬於自己的品味之旅，收集類似的風味記憶了。你已經掌握可以用來尋找、體驗及欣賞各種風味的工具，你很快就會擁有一個記錄了生活經歷和情感、依照風味分門別類的豐富資料庫。你品嘗什麼，決定了你是什麼樣子，是時候踏上品味之旅、追尋那個由品味成就的你了。

附註：這段旅程你不必孤單，如果想找我跟其他同樣沉迷於發掘風味的愛好者，歡迎造訪 howtotastebook.com。

致謝

感謝我的父母克里斯（Kris）和喬（Joe），讓我在一個充滿好奇心、熱愛科學的家庭中成長，並讓我知道，只要不放棄提問，就會找到答案。謝謝我優秀的經紀人史黛西・格里克（Stacey Glick），我一眼就能看出她也是狂熱的風味愛好者。感謝我的編輯丹尼絲・西爾維斯托（Denise Silvestro），她用耐心和慧眼讓這本書從有滋有味轉變成令人陶醉。感謝文字編輯艾莉卡・弗格森（Erica Ferguson）幫助我找到最貼切的詞彙，還要謝謝出版編輯麗貝卡・克雷莫納（Rebecca Cremonese）讓本書順利完成。感謝設計英文版封面的克莉斯汀・米爾斯（Kristine Mills），讓這本書的外觀成為一場視覺饗宴。感謝安・普賴爾（Ann Pryor）提供宣傳和行銷的專業策劃。感謝史蒂芬・扎卡里俄斯（Steven Zacharius）、亞當・扎卡里俄斯（Adam Zacharius）、傑基・迪納斯（Jackie Dinas）、琳恩・卡利（Lynn Cully）以及肯辛頓出版公司（Kensington）的所有人，謝謝你們對這本書寄予厚望。有好幾十位接受我採訪的人，雖然我沒有具名寫出，但對於本書功不可沒，尤其是肯・榭爾比（Ken Selby）、奧利維亞・哈弗（Olivia Haver）、珍妮・利普斯（Jennie Ripps）、湯姆・榭海默（Tom Shellhammer）以及艾米・杜賓（Amy Dubin）。謝謝你們的幫助。

感謝蒂拉穆克、奧勒岡州立大學和巴茲敦公司的團隊容許我打擾他們的工作領域以及收件匣。感謝書中提到的各方人士，謝謝你們為了追求美好風味，讓我占用時間並慷慨分享專業知識。感謝紐約公共圖書館的工作人員，他們發揮創意和熱情，協助我找到一九八〇年代的雜誌、一九九〇年代的課本，還有二〇二一年的期刊文章。感謝黑狐咖啡和紐約海港區 McNally Jackson 書店的工作團隊，讓我在角落待上好幾個小時寫作，偶爾還給我小點心。謝謝你們。

感謝我的學習夥伴雪莉・史密斯（Shelly Smith），將近一年以來，她每週都跟我討論啤酒和搭配方法。感謝克莉絲汀・托爾曼（Kristen Tolman）的激勵，讓我相信自己做得到。謝謝在地下室一起品嘗風味的夥伴們。感謝所有在本書構思成形之前，就讓我見識到飲食可以衍生無限創意的人，包括艾莉兒・勞倫・威爾森（Ariel Lauren Wilson）、丹・帕許曼（Dan Pashman）、凱特・沃林斯基（Cat Wolinski）和克萊兒・布倫（Claire Bullen）。

感謝朋友們容忍我幾個月不見人影，在我必須出遠門時幫忙照顧阿嚼，告訴我這本書會比我希望的更好。

感謝所有在網路世界的一角找到我、追蹤我，看著我一邊摸索一邊發表所知、然後又發現自己根本什麼都不懂要從頭學起的人們。因為有你們，這樣的循環才能延續下去！

感謝所有為我解答問題的服務生、調酒師、咖啡師、手工師傅、廚師、烘焙師、職人和酒吧老闆，謝謝你們讓我相信風味和人性的美好，謝謝你們投注的時間、熱情以及對風味的堅持。謝謝所有拿珍藏醋桶裡的樣品跟我分享、從讓人驚嘆的葡萄酒瓶倒酒給我、向我推薦好書的人，還有在微醺之時掏心掏肺的人們，真希望可以列出你們所有人的名字。感謝你們。

感謝我的丈夫韋斯（Wes），謝謝你相信我的夢想，煮我愛吃的雞胸。

最後，對於所有認真看待蠢問題的人、所有慷慨分享知識和專業技能的人，還有每一位曾經捧著完美的法式小糕點、發現生活中再怎麼微小的事物都值得欣賞的人，我想跟你們說一聲：謝謝。

CHAPTER ELEVEN: WHAT TASTERS KNOW

Rice, Michael A. "Merrior – The Good Flavors of Oysters." *Aquaculture Mag- azine*, 2019.

Turbes, Gregory, Tyler D. Linscott, Elizabeth Tomasino, Joy Waite-Cusic, Juyun Lim, and Lisbeth Meunier-Goddik. "Evidence of Terroir in Milk Sourcing and Its Influence on Cheddar Cheese." *Journal of Dairy Science* 99, no. 7 (2016): 5093–5103. https://doi.org/10.3168/jds.2015-10287.

CHAPTER TWELVE: TASTES TO LAST A LIFETIME

Damm, Michael, Louisa K. Pikart, Heike Reimann, Silke Burkert, Önder Göktas, Boris Haxel, and Thomas Hummel. "Olfactory Training Is Help- ful in Postinfectious Olfactory Loss: A Randomized, Controlled, Multi- center Study." *The Laryngoscope* 124, no. 4 (2013): 826–31. https://doi. org/10.1002/lary.24340.

Doty, Richard L. "Olfaction in Parkinson's Disease and Related Disorders." *Neurobiology of Disease* 46, no. 3 (2012): 527–52. https://doi.org/10.1016/j. nbd.2011.10.026.

Gilbert, Avery N, Charles Wysocki, Mark Seidler, and Allen Carroll. "The Smell Survey Results." *National Geographic*, 1987.

Glachet, Ophélie, and Mohamad El Haj. "Emotional and Phenomenological Properties of Odor-Evoked Autobiographical Memories in Alzheimer's Disease." *Brain Sciences* 9, no. 6 (2019): 135. https://doi.org/10.3390/ brainsci9060135.

Huart, Caroline, Philippe Rombaux, and Thomas Hummel. "Plasticity of the Human Olfactory System: The Olfactory Bulb." *Molecules* 18, no. 9 (2013): 11586–600. https://doi.org/10.3390/molecules180911586.

Hummel, Thomas, Karo Rissom, Jens Reden, Aantje Hähner, Mark Weiden- becher, and Karl-Bernd Hüttenbrink. "Effects of Olfactory Training in Patients with Olfactory Loss." *The Laryngoscope* 119, no. 3 (2009): 496– 99. https://doi. org/10.1002/lary.20101.

Proust, Marcel, Christopher Prendergast, and John Sturrock. *In Search of Lost Time*. London: Penguin Books, 2003.

Van Regemorter, Victoria, Thomas Hummel, Flora Rosenzweig, André Mouraux, Philippe Rombaux, and Caroline Huart. "Mechanisms Link- ing Olfactory Impairment and Risk of Mortality." *Frontiers in Neurosci- ence* 14 (2020). https:// doi.org/10.3389/fnins.2020.00140.

Wysocki, Charles J., and Avery N. Gilbert. "National Geographic Smell Sur- vey: Effects of Age Are Heterogenous." *Annals of the New York Acad- emy of Sciences* 561, no. 1 Nutrition and (1989): 12–28. https://doi. org/10.1111/j.1749-6632.1989.tb20966.x.

and Danish Consumers." *Foods* 9, no. 10 (2020): 1425. https://doi.org/10.3390/foods9101425.

Keast, Russell S.J, and Paul A.S Breslin. "An Overview of Binary Taste–Taste Interactions." *Food Quality and Preference* 14, no. 2 (2003): 111–24. https ://doi.org/10.1016/s0950-3293(02) 00110-6.

Rune, Christina J., Morten Münchow, Federico J.A. Perez-Cueto, and Davide Giacalone. "Pairing Coffee with Basic Tastes and Real Foods Changes Perceived Sensory Characteristics and Consumer Liking." *International Journal of Gastronomy and Food Science* 30 (2022): 100591. https://doi. org/10.1016/j.ijgfs.2022.100591.

Schmidt, Charlotte Vinther, Karsten Olsen, and Ole G. Mouritsen. "Umami Synergy as the Scientific Principle behind Taste-Pairing Champagne and Oysters." *Scientific Reports* 10, no. 1 (2020). https://doi.org/10.1038/ s41598-020-77107-w.

Wang, Sijia, Maria Dermiki, Lisa Methven, Orla B. Kennedy, and Qiaofen Cheng. "Interactions of Umami with the Four Other Basic Tastes in Equi-Intense Aqueous Solutions." *Food Quality and Preference* 98 (2022): 104503. https://doi.org/10.1016/j.foodqual.2021.104503.

CHAPTER NINE: A POET OF THE PALATE

Alley, Lynn. "Wine Sensory Scientist Ann Noble Retires from UC Davis." Wine Spectator. Wine Spectator, August 21, 2002. https://www.wine- spectator.com/articles/wine-sensory-scientist-ann-noble-retires-from- uc-davis-21376.

Huxley, Aldous. Time Must Have a Stop. Normal, IL: Dalkey Archive Press, 1998.

Lee, Hazel. Taste With Colour, July 2017. https://tastewithcolour.com/pages/how-to-use.

Melcher, Joseph M., and Jonathan W. Schooler. "The Misremembrance of Wines Past: Verbal and Perceptual Expertise Differentially Mediate Ver- bal Overshadowing of Taste Memory." *Journal of Memory and Language* 35, no. 2 (1996): 231–45. https://doi.org/10.1006/jmla.1996.0013.

Mora, Pierre, and Florine Livat. "Does Storytelling Add Value to Fine Bor- deaux Wines?" *Wine Economics and Policy* 2, no. 1 (2013): 3–10. https:// doi.org/10.1016/j.wep.2013.01.001.

Rozin, Paul. "The Psychology behind a Memorable Meal | Paul Rozin." You- Tube. MAD: MADSymposium YouTube, November 22, 2012. https:// www.youtube.com/watch?v=5jv2WNrnS0c.

Wilson, Timothy D., and Jonathan W. Schooler. "Thinking Too Much: Intro- spection Can Reduce the Quality of Preferences and Decisions." *Journal of Personality and Social Psychology* 60, no. 2 (1991): 181–92. https://doi.org/10.1037/0022-3514.60.2.181.

CHAPTER TEN: TRAVEL LIKE A TASTER

Burdack-Freitag, Andrea, Dino Bullinger, Florian Mayer, and Klaus Breuer. "Odor and Taste Perception at Normal and Low Atmospheric Pressure in a Simulated Aircraft Cabin." *Journal für Verbraucherschutz und Lebens- mittelsicherheit* 6, no. 1 (2010): 95–109. https://doi.org/10.1007/s00003- 010-0630-y.

Deutsche Welle. "Airline Food – DW – 10/15/2010." dw.com. Deutsche Welle, October 15, 2010. https://www.dw.com/en/lufthansa-investi- gates-the-science-of-airline-food/a-6114748.

Robinson, Eric. "Relationships between Expected, Online and Remembered Enjoyment for Food Products." *Appetite* 74 (2014): 55–60. https://doi. org/10.1016/j.appet.2013.11.012.

Rode, Elizabeth, Paul Rozin, and Paula Durlach. "Experienced and Remem- bered Pleasure for Meals: Duration Neglect but Minimal Peak, End (Re- cency) or Primacy Effects." *Appetite* 49, no. 1 (2007): 18–29. https://doi. org/10.1016/j.appet.2006.09.006.

Zhu, Jiang, Lan Jiang, Wenyu Dou, and Liang Liang. "Post, Eat, Change: The Effects of Posting Food Photos on Consumers' Dining Experiences and Brand Evaluation." *Journal of Interactive Marketing* 46 (2019): 101–12. https://doi.org/10.1016/j.intmar.2018.10.002.

CHAPTER FIVE: COLLECTING FLAVORS, REFERENCES, AND REFLEXES

Herz, Rachel S, and Julia von Clef. "The Influence of Verbal Labeling on the Perception of Odors: Evidence for Olfactory Illusions?" *Perception* 30, no. 3 (2001): 381–91. https://doi.org/10.1068/p3179.

Reichl, Ruth. *Garlic and Sapphires*. London: Cornerstone Digital, 2013.

Santo, Kathy. "How to Teach Your Dog Scent Work at Home." American Ken- nel Club. American Kennel Club, May 27, 2020. https://www.akc.org/ex-pert-advice/training/how-to-teach-your-dog-scent-work.

"Volatile Sulfur Compounds in Food." *ACS Symposium Series*, 2011. https://doi.org/10.1021/bk-2011-1068.

CHAPTER SIX: BLINDED BY THE SIGHT

Brochet, F. *Chemical object representation in the field of consciousness*. Appli- cation presented for the grand prix of the Académie Amorim following work carried out towards a doctorate from the Faculty of Oenology, Gen- eral Oenology Laboratory, 351 Cours de la Libération, 33405 Talence Ce- dex. (2001)

Gottfried, Jay A, and Raymond J Dolan. "The Nose Smells What the Eye Sees." *Neuron* 39, no. 2 (2003): 375–86. https://doi.org/10.1016/s0896- 6273(03)00392-1 .

Morrot, Gil, Frédéric Brochet, and Denis Dubourdieu. "The Color of Odors." *Brain and Language* 79, no. 2 (2001): 309–20. https://doi.org/10.1006/ brln.2001.2493.

Sage, Adam. "Cheeky Little Test Exposes Bad Taste of Wine 'Experts'." Independent.ie, November 24, 2012. https://www.independent.ie/ world-news/europe/cheeky-little-test-exposes-bad-taste-of-wine-ex- perts-26061451.html.

Schmidt, Liane, Vasilisa Skvortsova, Claus Kullen, Bernd Weber, and Hilke Plassmann. "How Context Alters Value: The Brain's Valuation and Af- fective Regulation System Link Price Cues to Experienced Taste Pleas- antness." *Scientific Reports* 7, no. 1 (2017). https://doi.org/10.1038/ s41598-017-08080-0.

CHAPTER SEVEN: CRITICS, JUDGES, AWARDS, AND GRADES

Gawel, R, and P.W. Godden. "Evaluation of the Consistency of Wine Qual- ity Assessments from Expert ... " *Australian Journal of Grape and Wine Research*, 2008. https://onlinelibrary.wiley.com/doi/10.1111/j.1755- 0238.2008.00001.x.

Hodgson, Robert T. "An Analysis of the Concordance among 13 U.S. Wine Competitions." *Journal of Wine Economics* 4, no. 1 (2009): 1–9. https:// doi.org/10.1017/s1931436100000638.

Hodgson, Robert T. "An Examination of Judge Reliability at a Major U.S. Wine Competition*: Journal of Wine Economics." Cambridge Core. Cambridge University Press, June 8, 2012. https://www.cambridge.org/ core/services/aop-cambridge-core/content/view/S1931436100001152.

Steiman, Harvey. "Behind the B.S.. about Wine Tasting." Wine Spectator. Wine Spectator, July 3, 2013. https://www.winespectator.com/articles/ behind-the-bs-about-wine-tasting-48608.

"What Is a Michelin Star?" MICHELIN Guide. Accessed September 17, 2021. https://guide.michelin.com/us/en/article/features/what-is-a-michelin-star.

CHAPTER EIGHT: ONE PLUS ONE MAKES SEVEN

Ahn, Yong-Yeol, Sebastian E. Ahnert, James P. Bagrow, and Albert-László Barabási. "Flavor Network and the Principles of Food Pairing." *Scientific Reports* 1, no. 1 (2011). https://doi.org/10.1038/srep00196.

Blumenthal, Heston. "Naivety in the Kitchen Can Lead to Great Inventions, but Too Much Can Take You to Some Strange Places." *The Times*, August 19, 2010.

Breslin, Paul A.S. "Interactions among Salty, Sour and Bitter Compounds." *Trends in Food Science & Technology* 7, no. 12 (1996): 390–99. https://doi.org/10.1016/s0924-2244(96)10039-x.

Holmes, Bob. *Flavor: The Science of Our Most Neglected Sense*. New York, NY: W.W. Norton, 2017.

Junge, Jonas Yde, Anne Sjoerup Bertelsen, Line Ahm Mielby, Yan Zeng, Yu- an-Xia Sun, Derek Victor Byrne, and Ulla Kidmose. "Taste Interactions between Sweetness of Sucrose and Sourness of Citric and Tartaric Acid among Chinese

Sollai, Giorgia, Melania Melis, Iole Tomassini Barbarossa, and Roberto Crn- jar. "A Polymorphism in the Human Gene Encoding Obpiia Affects the Perceived Intensity of Smelled Odors." *Behavioural Brain Research* 427 (2022): 113860. https://doi.org/10.1016/j.bbr.2022.113860.

Spence, Charles, and Heston Blumenthal. *Gastrophysics: The New Science of Eating*. New York: Penguin Books, 2018.

CHAPTER THREE: THE FLAVOR OF A DINING ROOM

Buford, Bill. *Dirt: Adventures in Lyon as a Chef in Training, Father, and Sleuth Looking for the Secrets of French Cooking*. New York: Random House Large Print, 2020.

Dirler, Julia, Gertrud Winkler, and Dirk Lachenmeier. "What Temperature of Coffee Exceeds the Pain Threshold? Pilot Study of a Sensory Analysis Method as Basis for Cancer Risk Assessment." *Foods* 7, no. 6 (2018): 83. https://doi.org/10.3390/foods7060083.

Fiegel, Alexandra, Jean-François Meullenet, Robert J. Harrington, Rachel Humble, and Han-Seok Seo. "Background Music Genre Can Modulate Flavor Pleasantness and Overall Impression of Food Stimuli." *Appetite* 76 (2014): 144–52. https://doi.org/10.1016/j.appet.2014.01.079.

Hasenbeck, Aimee, Sungeun Cho, Jean-François Meullenet, Tonya Tokar, Famous Yang, Elizabeth A Huddleston, and Han-Seok Seo. "Color and Illuminance Level of Lighting Can Modulate Willingness to Eat Bell Peppers." *Journal of the Science of Food and Agriculture* 94, no. 10 (2014): 2049–56. https://doi.org/10.1002/jsfa.6523.

Spence, Charles, and Fabiana M. Carvalho. "The Coffee Drinking Experi- ence: Product Extrinsic (Atmospheric) Influences on Taste and Choice." *Food Quality and Preference* 80 (2020): 103802. https://doi.org/10.1016/j.foodqual.2019.103802.

Talavera, Karel, Keiko Yasumatsu, Thomas Voets, Guy Droogmans, Nori- atsu Shigemura, Yuzo Ninomiya, Robert F. Margolskee, and Bernd Ni- lius. "Heat Activation of TRPM5 Underlies Thermal Sensitivity of Sweet Taste." *Nature* 438, no. 7070 (2005): 1022–25. https://doi.org/10.1038/ nature04248.

Zellner, Debra A., Christopher R. Loss, Jonathan Zearfoss, and Sergio Re- molina. "It Tastes as Good as It Looks! the Effect of Food Presentation on Liking for the Flavor of Food." *Appetite* 77 (2014): 31–35. https://doi. org/10.1016/j.appet.2014.02.009.

CHAPTER FOUR: THE TASTING METHOD

Arakawa, Takahiro, Kenta Iitani, Xin Wang, Takumi Kajiro, Koji Toma, Ka- zuyoshi Yano, and Kohji Mitsubayashi. "A Sniffer-Camera for Imaging of Ethanol Vaporization from Wine: The Effect of Wine Glass Shape." *The Analyst* 140, no. 8 (2015): 2881–86. https://doi.org/10.1039/c4an02390k.

Dalton, P., N. Doolittle, H. Nagata, and P.A.S. Breslin. "The Merging of the Senses: Integration of Subthreshold Taste and Smell." *Nature News*. Nature Publishing Group, 2000. https://www.nature.com/articles/nn0500_431.

Diamond, J. "Flavor Processing: Perceptual and Cognitive Factors in Multi- Modal Integration." *Chemical Senses* 30, no. Supplement 1 (2005): i232– i233. https://doi.org/10.1093/chemse/bjh199.

Eng, Monica. "Most Produce Loses 30 Percent of Nutrients Three Days after Harvest." *Chicago Tribune*, November 3, 2021. https://www.chicagotri- bune.com/dining/ct-xpm-2013-07-10-chi-most-produce-loses-30-per- cent-of-nutrients-three-days-after-harvest-20130710-story.html.

Fabien, Beaumont, Cilindre Clara, Abdi Ellie, Maman Marjorie, and Polidori Guillaume. "The Role of Glass Shapes on the Release of Dissolved CO2 in Effervescent Wine." *Current Research in Nutrition and Food Science Journal*, April 25, 2019. https://dx.doi.org/10.12944/CRNFSJ.7.1.22.

Shirai, Tomohiro, Kentaro Kumihashi, Mitsuyoshi Sakasai, Hiroshi Kusuoku, Yusuke Shibuya, and Atsushi Ohuchi. "Identification of a Novel TRPM8 Agonist from Nutmeg: A Promising Cooling Compound." *ACS Medic- inal Chemistry Letters* 8, no. 7 (2017): 715–19. https://doi.org/10.1021/ acsmedchemlett.7b00104.

參考資料

INTRODUCTION: TASTING IT ALL

"Consumer Expenditures-2021 A01 Results." U.S. Bureau of Labor Statistics. U.S. Bureau of Labor Statistics, September 8, 2022. https://www.bls.gov/ news.release/cesan.nr0.htm.

Ustun, Beyza, Nadja Reissland, Judith Covey, Benoist Schaal, and Jacqueline Blissett. "Flavor Sensing in Utero and Emerging Discriminative Behav- iors in the Human Fetus." Psychological Science 33, no. 10 (October 2022): 1651–63. https://doi.org/https://doi.org/10.1177/09567976221105460.

CHAPTER ONE: THIS IS YOUR BRAIN ON FLAVOR

Breslin, P. A. "Human Gustation and Flavour. "*Flavour and Fragrance Journal* 16, no. 6 (2001): 439–56. https://doi.org/10.1002/ffj.1054.

Breslin, Paul A.S., and Alan C. Spector. "Mammalian Taste Perception. "*Cur- rent Biology* 18, no. 4 (2008). https://doi.org/10.1016/j.cub.2007.12.017.

Martini, Frederic. *Anatomy and Physiology*. San Francisco, CA: Benja- min-Cummings Publishing Co., 2005.

Prescott, J., J.E. Hayes, and N.K. Byrnes. "Sensory Science. "*Encyclopedia of Agriculture and Food Systems*, 2014, 80–101. https://doi.org/10.1016/ b978-0-444-52512-3.00065-6.

Shepherd, Gordon M. *Neurogastronomy: How the Brain Creates Flavor and Why It Matters*. New York: Columbia University Press, 2013.

CHAPTER TWO: A MATTER OF INDIVIDUAL TASTE

Doyennette, Marion, Monica G. Aguayo-Mendoza, Ann-Marie William- son, Sara I.F.S. Martins, and Markus Stieger. "Capturing the Impact of Oral Processing Behaviour on Consumption Time and Dynamic Sensory Perception of Ice Creams Differing in Hardness. "*Food Quality and Preference* 78 (2019): 103721. https://doi.org/10.1016/j.foodqual.2019.103721.

Essick, Greg K., Anita Chopra, Steve Guest, and Francis McGlone. "Lingual Tactile Acuity, Taste Perception, and the Density and Diameter of Fun- giform Papillae in Female Subjects." *Physiology & Behavior* 80, no. 2-3 (2003): 289–302. https://doi.org/10.1016/j.physbeh.2003.08.007.

Hayes, John E., Linda M. Bartoshuk, Judith R. Kidd, and Valerie B. Duffy. "Supertasting and Prop Bitterness Depends on More than the TAS2R38 Gene." *Chemical Senses* 33, no. 3 (2008): 255–65. https://doi.org/10.1093/ chemse/bjm084.

Iannilli, Emilia, Antti Knaapila, Maria Paola Cecchini, and Thomas Hummel. "Dataset of Verbal Evaluation of Umami Taste in Eu- rope." *Data in Brief* 28 (2020): 105102. https://doi.org/10.1016/j. dib.2019.105102.

Jaeger, Sara R., Jeremy F. McRae, Christina M. Bava, Michelle K. Beresford, Denise Hunter, Yilin Jia, Sok Leang Chheang, et al. "A Mendelian Trait for Olfactory Sensitivity Affects Odor Experience and Food Selection." *Current Biology* 23, no. 16 (2013): 1601–5. https://doi.org/10.1016/j. cub.2013.07.030.

Keller, Andreas, and Leslie B Vosshall. "Better Smelling through Genetics: Mammalian Odor Perception." *Current Opinion in Neurobiology* 18, no. 4 (2008): 364–69. https://doi.org/10.1016/j.conb.2008.09.020.

Melis, Melania, Iole Tomassini Barbarossa, Thomas Hummel, Roberto Crnjar, and Giorgia Sollai. "Effect of the RS2890498 Polymorphism of the OB- PIIA Gene on the Human Ability to Smell Single Molecules." *Behavioural Brain Research* 402 (January 2021): 113127. https://doi.org/10.1016/j. bbr.2021.113127.

Moskowitz, HW, V Kumaraiah, KN Sharma, HL Jacobs, and SD Sharma. "Cross-Cultural Differences in Simple Taste Preferences." *Science* 190, no. 4220 (1975): 1217–18. https://doi.org/10.1126/science.1198109.

Ruffner, Zoe. "This Vegan Japanese Dessert Is the Feel-Good Treat to Turn to This Holiday Season." *Vogue*. *Vogue*, November 8, 2019. https://www. vogue.com/article/yokan-japan-dessert-new-york-city.

earth 033

如何品嘗？
簡單練習，打造專屬自己的風味資料庫

原著書名　How to Taste: A Guide to Discovering Flavor and Savoring Life
作　　者　曼迪．納格利奇 (Mandy Naglich)
譯　　者　黃于薇
責任編輯　辜雅穗
封面設計　李東記
內頁排版　葉若蒂
印　　刷　卡樂彩色製版印刷有限公司

發 行 人　何飛鵬
總 經 理　黃淑貞
總 編 輯　辜雅穗

出　　版　紅樹林出版
　　　　　臺北市南港區昆陽街 16 號 4 樓　電話 02-25007008
發　　行　英屬蓋曼群島商家庭傳媒股份有限公司 城邦分公司
　　　　　客服專線 02-25007718
　　　　　香港發行所／城邦（香港）出版集團有限公司
　　　　　電話 852-25086231　Email hkcite@biznetvigator.com
　　　　　馬新發行所／城邦（馬新）出版集團 Cité(M)Sdn. Bhd.
　　　　　電話 603-90578822　Email cite@cite.com.my
經　　銷　聯合發行股份有限公司　電話 02-291780225

2025 年 7 月初版
定價 630 元
ISBN 978-626-99417-4-2

國家圖書館出版品預行編目 (CIP) 資料

如何品嘗？簡單練習，打造專屬自己的風味資料庫 /
曼迪．納格利奇 (Mandy Naglich) 著 ; 黃于薇譯 . -- 初版 . --
臺北市 : 紅樹林出版 : 英屬蓋曼群島商家庭傳媒股份有限公司
城邦分公司發行 , 2025.07　304 面 ; 14.8*21 公分 . -- (earth ; 33)
譯自 : How to Taste: A Guide to Discovering Flavor and Savoring Life
ISBN 978-626-99417-4-2(平裝)
1.CST: 味覺生理 2.CST: 飲食
398.293　114006706